青少年 科普知识 读本

打开知识的大门，进入这多姿多彩的殿堂

重点推荐

难以想象的

天文奇观

玲 珑◎编著

河北出版传媒集团

河北科学技术出版社

图书在版编目(CIP)数据

难以想象的天文奇观 / 玲珑编著. --石家庄：河北科学技术出版社，2013.5(2021.2重印)

ISBN 978-7-5375-5876-1

Ⅰ.①难… Ⅱ.①玲… Ⅲ.①天文学-青年读物②天文学-少年读物 Ⅳ.①P1-49

中国版本图书馆 CIP 数据核字(2013)第 095469 号

难以想象的天文奇观

nanyixiangxiang de tianwenqiguan

玲珑　编著

出版发行		河北出版传媒集团
		河北科学技术出版社
地　址		石家庄市友谊北大街 330 号(邮编:050061)
印　刷		北京一鑫印务有限责任公司
经　销		新华书店
开　本		710×1000　1/16
印　张		13
字　数		160 千字
版　次		2013 年 5 月第 1 版
		2021 年 2 月第 3 次印刷
定　价		32.00 元

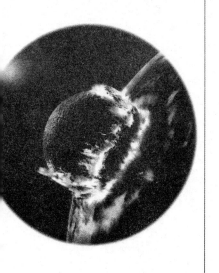

前言

　　古往今来，茫茫宇宙充满了神奇色彩，点点繁星更使人对它充满了幻想。在古代，当一颗流星划破夜空的时候，就会有人说又有一个人离开了这世界。而拖着长长尾巴的彗星更是被人们称之为扫帚星，认为它是灾祸降临的不祥之兆。其实，这些都是天文学中的一些现象。那么这些流星雨、彗星、陨星、日冕、太阳风、极光到底是什么？是如何产生的呢？

　　宇宙给人类留下了许多奥秘！它充满于我们生活的角落，充满整个世界！千百年来，多少人呕心沥血，前赴后继，期盼能撩开其神秘的面纱，但终因大气层的阻隔和遥不可及的距离而未能如愿。不断揭开宇宙的奥秘是历史赋予我们的伟大使命！探索宇宙奥秘，也成为人类永恒的主题。

今天的青少年读者是幸运的，在 21 世纪，你们有优越的学习环境和前所未有的物质条件，科学知识的宝库向你们敞开心扉，金光灿烂的科学之路展现在你们面前。本书就是力求向你们展示天文学的美丽画卷！

本书将告诉你宇宙中那些鲜为人知的秘密，告诉你那些你难以想象的太空现象，告诉你彗星、流星和陨石等许多美妙的天文奇观。本书用通俗、简练的语言将天文知识系统、全面地介绍给广大青少年朋友，希望你们读后能有所受益，并继续关注天文学。

前言

Contents

宇宙的奥秘

难以想象的天文奇观

Contents

浩渺的银河

Contents

璀璨的星球

难以想象的天文奇观

目录

Contents

梦幻的星座

目录

难以想象的天文奇观

Contents

Contents

天文探索之路

Contents

第一章

宇宙的奥秘

宇宙是如何诞生的

人们常常会问：宇宙是永远不变的吗？宇宙有多大？宇宙是什么时候诞生的？宇宙中的物质是怎么来的？等等。

当人类第一次把目光投向天空时，就想知道这浩瀚无垠的天空以及那闪闪发光的星星是怎样产生的。所以，各个民族、各个时代都有种种关于宇宙形成的传说，不过那都是建立在想象和幻想基础上的。今天，虽然科学技术已经有了重大进步，但关于宇宙的成因仍处在假说阶段。归纳起来，大致有以下几种假说。

到目前为止，许多科学家倾向于"宇宙大爆炸"的假说。这一观点是由美国著名天体物理学家加莫夫和弗里德曼提出来的。这一假说认为，大约在200亿年以前，构成我们今天所看到的天体的物质都集中在一起，密度极高，温度高达100亿℃，被称为原始火球。这个时期的天空中，没有恒星和星系，只是充满了辐射。后来不知什么原因，原始火球发生了大爆炸，组成火球的物质飞散到四面八方，高温的物质冷却下来，密度也开始降低。在爆炸两秒钟之后，在100亿℃高温下产生了质子和中子，在随后的自由中子衰变的11分钟之内，形成了重元素的原子核。大约又过了1万年，产生了氢原子和氦原子。在这1万年的时间里，散落在空间的物质便开始了局部的联合，星云、星系的恒星，就是由这些物质凝聚而成的。在星云的发展中，大部分气体变成了星体，其中一部分物质因受到星体引力的作用，变成了星际介质。

1929 年，哈勃对 24 个星系进行了全面的观测和深入的研究。他发现这些星系的谱线都存在明显的红移。根据物理学中的多普勒效应，这些星系在朝远离我们的方向奔去，即所谓的退行。而且，哈勃发现这些星系退行的速度与它们的距离成正比。也就是说，离我们越远的星系，其退行速度越大。这种观测事实表明宇宙在膨胀着。那么，宇宙从什么时候开始膨胀？已膨胀多久了？根据哈勃常数 H＝150 千米/（秒/千万光年），这意味着：距离我们 1000 万光年的天体，其退行的速度为每秒 1.50 千米，从而计算出宇宙的年龄为 200 亿年。也就是说，这个膨胀着的宇宙已存在 200 亿年了。

经 20 世纪 60 年代天文学中的四大发现之一的微波背景辐射证实，星空背景普遍存在着 3K 微波背景辐射，这种辐射在天空中是各向同性的。这似乎是当年大爆炸的余热，从某种意义上这也支持了宇宙大爆炸学的观点。但是，宇宙大爆炸学也有些根本性问题没有解决，如大爆炸前的宇宙是什么样？大爆炸是怎么引起的？宇宙的膨胀在未来是什么格局？

第二种是"宇宙永恒"假说。这种假说认为，宇宙并不像人们所说的那样

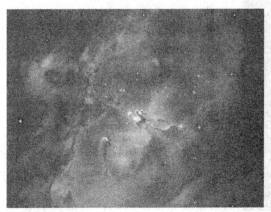

动荡不定，自开天辟地以来，宇宙中的星体、星体密度以及它们的空间运动都处在一种稳定状态，这就是"宇宙永恒"假说。这种假说是英国天文学家霍伊尔、邦迪和戈尔特等人提出来的。霍伊尔把宇宙中的物质分成以下几大类：恒星、小行星、陨石、宇宙尘埃、星云、射

电源、脉冲星、类星体、星际介质等，认为这些物质在大尺度范围内处于一种力和物质的平衡状态。就是说，一些星体在某处湮灭了，在另一处一定会有新的星体产生。宇宙只是在局部发生变化，在整体范围内则是稳定的。

第三种是"宇宙层次"假说。这种假说是法国天文学家沃库勒等人提出来的。他们认为宇宙的结构是分层次的，如恒星是一个层次，恒星集合组成星系是一个层次，许多星系结合在一起组成星系团是一个层次，一些星系团组成超星系团又是一个层次。

综合起来看，以上种种假说虽然说明了各个模式的部分道理，但还都缺乏概括性，还有继续探讨的必要。

宇宙的中心在哪儿

太阳是太阳系的中心，太阳系中所有的行星都绕着太阳旋转。银河也有中心，它周围所有的恒星也都绕着银河系的中心旋转。那么宇宙有中心吗？有一

个让所有的星系包围在中间的中心点吗？

看起来应该存在这样的中心，但是实际上它并不存在。因为宇宙的膨胀一般不发生在三维空间内，而是发生在四维空间内。它不仅包括普通三维空间（长度、宽度和高度），还包括第四维空间——时间。描述四维空间的膨胀是非常困难的，但是我们也许

可以通过推断气球的膨胀来解释它。

我们可以假设宇宙是一个正在膨胀的气球，而星系是气球表面上的点，我们就住在这些点上。我们还可以假设星系不会离开气球的表面，只能沿着表面移动而不能进入气球内部或向外运动。在某种意义上可以说我们把自己描述为一个二维空间的人。

如果宇宙不断膨胀，也就是说气球的表面不断地向外膨胀，则表面上的每个点彼此离得越来越远。其中，某一点上的某个人将会看到其他所有的点都在退行，而且离得越远的点退行速度越快。

现在，假设我们要寻找气球表面上的点开始退行的地方，那么我们就会发现它已经不在气球表面上的二维空间内了。气球的膨胀实际上是从内部的中心开始的，是在三维空间内的，但我们是在二维空间上，所以我们不可能探测到三维空间内的事物。

同样的，宇宙的膨胀不是在三维空间内开始的，但我们只能在宇宙的三维空间内运动。宇宙开始膨胀的地方是在过去的某个时间，即亿万年以前。虽然我们可以看到，可以获得有关的信息，而我们却无法回到那个时候。

宇宙的年龄有多大

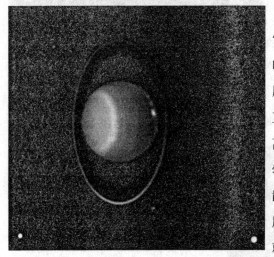

所谓"宇宙的年龄"，就是宇宙诞生至今的时间。美国天文学家哈勃发现：宇宙诞生以来一直在急剧地膨胀着，这就使天体间都在相互退行，并且其退行的速度还与距离成正比。这个比例常数就叫"哈勃常数"，而它的倒数就是宇宙年龄。只要我们测出了天体的退行速度和距离，就测出了哈勃常数，也就能够知道宇宙的年龄了。

可是，不同的天文学家得出的宇宙年龄的结果却相去甚远，在 100 亿～200 亿年的范围内众说不一。这是为什么呢？这是因为天体退行速度的测定通常由红移取得，这个数据比较一致，而天体距离的测定误差却比较大。

有人认为早期的宇宙膨胀比现在快，这样推得的宇宙年龄只有 60 亿～70 亿年。但低值宇宙年龄的正确性值得怀疑，因为作为宇宙组成部分的球状星团的年龄至少也有 130 亿年了。然而，有关宇宙年龄的最高推测值更是令人咋舌，竟有 340 亿年。究竟哪一个结果准确，现在还没有定论。

宇宙会死亡吗

宇宙有没有终结的一天？宇宙将会如何终结？是"砰"的一声大爆炸，还是逐渐消亡？当人们在无数个夜晚，悄悄地仰望灿烂夜空，对生命、宇宙浮想联翩的时候，总会从内心深处发出这样的疑问。

根据科学家利用天文望远镜获得的最新观测结果，宇宙最终不会变成一团熊熊燃烧的烈火，而是会逐渐衰变成永恒的、冰冷的黑暗。这听起来似乎太骇人听闻了。然而人们或许没有必要杞人忧天，我们暂时还不会被宇宙"驱逐出境"。根据科学家的推测，宇宙很可能至少将目前这种适于生命存在的状态再维持 1000 亿年。这个庞大的数字相当于地球历史的 20 倍，或者，相当于智人（现代人的学名）历史的 500 万倍。既然它将发生在如此遥远的未来，对我们今天的生活就不会有丝毫影响。

与此同时，科学家又指出：没有什么东西是可以永远存在的。宇宙也许不会突然消失，但是，随着时间的推移，它可能会让人觉得越来越不舒服，并且最终变得不再适于生命存在。

这种情况将会在什么时候出现呢？又会以怎样的方式出现呢？这的确是一个令人沮丧的问题。但是，我们又不得不承认，对于我们这些生活在地球上的凡夫俗子来说，这些问题确实另有一种冷酷的魅力。

自从 20 世纪 20 年代天文学家哈勃发现宇宙正在膨胀以来，"大爆炸"理论一直没有摆脱被修改的命运。根据这一理论，科学家指出，宇宙的最终命运取决于两种相反力量长时间"拔河比赛"的结果：一种力量是宇宙的膨胀，在过去的 100 多亿年里，宇宙的扩张一直在使星系之间的距离拉大；另一种力量则

是这些星系和宇宙中所有其他物质之间的万有引力，它会使宇宙扩张的速度逐渐放慢。如果万有引力足以使扩张最终停止，宇宙注定将会坍塌，最终变成一个大火球——"大崩坠"，如果万有引力不足以阻止宇宙的持续膨胀，它将最终变成一个漆黑的寒冷的世界。

显而易见，任何一种结局都预示着生命的消亡。不过，人类的最终命运还无法确定，因为目前，人们尚不能对扩张和万有引力作出精确的估测，更不知道谁将是最后的胜利者，天文学家的观测结果仍然存在着许多不确定的因素。

这种不确定因素又是什么呢？科学家指出，这一不确定因素涉及膨胀理论。根据这一理论宇宙始于一个像气泡一样的虚无空间，在这个空间里，最初的膨胀速度要比光速快得多。然而，在膨胀结束之后，最终推动宇宙高速膨胀的力量也许并没有完全消退。它可能仍然存在于宇宙之中，潜伏在虚无的空间里，并在冥冥中不断推动宇宙的持续扩张。为了证实这种推测，科学家又对遥远的星系中正在爆发的恒星进行了多次观察。

通过观察，他们认为这种正在发挥作用的膨胀推动力有可能确实存在。倘若真是这样的话，决定宇宙未来命运的就不仅仅是宇宙的扩张和万有引力，还与在宇宙中久久徘徊的膨胀推动力所产生的涡轮增压作用有关，而它可以使宇宙无限扩张下去。

但是，人们最关心的或许是智慧生命本身。人类将在宇宙中扮演什么角色呢？难道人类注定要灭亡吗？人

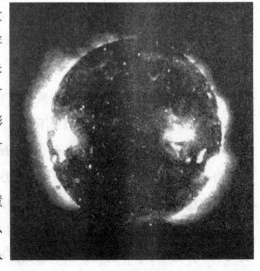

类已经在越来越快地改变着地球了，操纵着自己的生存环境，也许到那时，人类将会以高度发达的智慧在宇宙中立于不败之地。谁知道呢？且让未来的人类和地球外一切生命拭目以待吧。人类对宇宙的认识永远没有终极，认识穷尽的那天也许就是人类或宇宙毁灭的那一天。正如爱因斯坦在写给一个对世界的命运感到担忧的孩子的信中所说："至于谈到世界末日的问题，我的意见是：等着瞧吧！"

宇宙的面貌

1917 年，爱因斯坦发表了著名的"广义相对论"，为我们研究大尺度、大质量的宇宙提供了比牛顿"万有引力定律"更先进的武器。应用"相对论"，科学家解决了恒星一生的演化问题。而宇宙是否是静止的呢？对这一问题，连爱因斯坦也犯了一个大错误。他认为宇宙是静止的，然而 1929 年美国天文学家哈勒以不可辩驳的实验证明了宇宙不是静止的，而是向外膨胀的。正像我们吹一只大气球一样，恒星都在离我们远去。离我们越远的恒星，远离我们的速度也就越快。可以推想：如果存在这样的恒星，它离我们足够远以至于它离开我们的速度达到光速的时候，它发出的光就永远也不可能到达我们的地球了。从这个意义上讲，我们可以认为它是不存在的。因此，我们可以认为宇宙是有限的。

宇宙到底是什么样子，目前尚无定论。值得一提的是，史蒂芬·霍金的观点比较容易让人接受：宇宙有限而无界，只不过比地球多了几维。比如，我们的地球就是有限而无界的。在地球上，无论从南极走到北极，还是从北极走到南极，你始终不可能找到地球的边界，但你不能由此认为地球是无限的。实际上，我们都知道地球是有限的。地球如此，宇宙亦是如此。

怎么理解宇宙比地球多了几维呢？举个例子：一个小球沿地面滚动并掉进了一个小洞中，在我们看来，小球是存在的，它还在洞里面，因为我们人类是"三维"的。而对于一个动物来说，它得出的结论就会是：小球已经不存在了！它消失了。为什么会得出这样的结论呢？因为它生活在"二维"世界里，对"三维"事件是无法清楚理解的。同样的道理，我们人类生活在"三维"世界里，对于比我们多几维的宇宙，也是很难理解清楚的。这也正是对于"宇宙是什么样子"这个问题无法解释清楚的原因。

均匀的宇宙

长期以来，人们相信地球是宇宙的中心。哥白尼把这个观点打破了，他认为太阳才是宇宙的中心。地球和其他行星都围绕着太阳转动，恒星则镶嵌在天球的最外层上。布鲁诺进一步认为，宇宙没有中心，恒星都是遥远的太阳。

无论是托勒密的地心说还是哥白尼的日心说，都认为宇宙是有限的，教会也支持宇宙有限的论点。但是，布鲁诺居然敢说宇宙是无限的，这挑起了宇宙究竟有限还是无限的长期论战。这场论战并没有因为教会烧死布鲁诺而停下来。主张宇宙有限的人说："宇宙怎么可能是无限的呢？"这个问题确实不容易说清楚。主张宇宙无限的人则反问："宇宙怎么可能是有限的呢？"这个问题同样也不好回答。

随着天文观测技术的发展，人们看到，确实像布鲁诺所说的那样，恒星是遥远的太阳。人们还进一步认识到，银河是由无数个太阳系组成的大星系。我们的太阳系处在银河系的边缘，围绕着银河系的中心旋转，转速大约每秒250千米，围绕银心转一圈约需2.5亿年。太阳系的直径充其量约1光年，而银河系的直径则高达10万光年。银河系由100多亿颗恒星组成，太阳系在银河系中的地位，就像一粒沙子处在北京城中。后来人们又发现，我们的银河系还与其他银河系组成更大的星系团，星系团的直径约为1000万光年。目前，望远镜观测距离已达100亿光年以上，在所见的范围内，有无数的星系团存在，这些星系团不再组成更大的团，而是均匀各向同性地分布着。这就是说，在10^7光年的尺度以下，物质是成团分布的。卫星绕着行星转动，行星、彗星则绕着恒星转动，形成一个个太阳系。这些太阳系分别由一个、两个、三个或更多个太阳以及它们的行星组成。有两个太阳的称为双星系；有三个以上太阳的称为聚星系。成千上亿个太阳系聚集在一起，形成银河系，组成银河系的恒星（太阳系）都围绕着共同的重心——银心转动。无数的银河系组成星系团，团中的各银河系同样也围绕它们共同的重心转动。但是，星系团之间，不再有成团结构。各个星系团均匀地分布着，无规则地运动着。从我们地球上往四面八方看，情况都差不多。粗略地说，星系团有点像容器中的气体分子，均匀分布着，做着无规则运动。这就是说，在10^8光年（一亿光年）的尺度以上，宇宙中物质的分布不再是成团的，而是均匀分布的。

由于光的传播需要时间，我们看到的距离我们一亿光年的星系，实际上是那个星系一亿光年以前的样子。所以，我们用望远镜看到的，不仅是空间距离遥远的星系，而且是它们的过去。从望远镜看，不管多远距离的星系团都均匀各向

同性地分布着。因而我们可以认为，宇观尺度上（10^5 光年以上）物质分布的均匀状态，不是现在才有的，而是早已如此。

于是，天体物理学家提出一条规律，即所谓宇宙学原理。这条原理说明，在宇观尺度上，三维空间在任何时刻都是均匀各向同性的。现在看来，宇宙学原理是对的。所有的星系都差不多，都有相似的演化历程。因此我们用望远镜看到的遥远星系，既是它们过去的形象，也是我们星系过去的形象。望远镜不仅在看空间，而且在看时间，在看我们的历史。

有限而无边的宇宙

爱因斯坦发表广义相对论后，考虑到万有引力比电磁力弱得多，不可能在分子、原子、原子核等研究中产生重要的影响，因而他把注意力放在了天体物理上。他认为，宇宙才是广义相对论大有用武之地的领域。

爱因斯坦 1915 年发表广义相对论，1917 年就提出了一个建立在广义相对论基础上的宇宙模型。这是一个人们完全意想不到的模型。在这个模型中，宇宙的三维空间是有限无边的，而且不随时间变化。以往人们认为，有限就是有边，无限就是无边。爱因斯坦把有限和有边这两个概念区分开来。

一个长方形的桌面，有确定的长和宽，也有确定的面积，因而大小是有限的。同时它有明显的四条边，因此是有边的。如果有一个小甲虫在它上面爬，无论朝哪个方向爬，都会很快到达桌面的边缘，所以桌面是有限有边的二维空间。如果桌面向四面八方无限伸展，成为欧氏几何中的平面，那么，这个欧氏平面是无限无边的二维空间。

我们再看一个篮球的表面，如果篮球的半径为 r，那么球面的面积是 $4\pi r^2$，大小是有限的。但是，这个二维球面是无边的，假如有一个小甲虫在它上面爬，永远也不会走到尽头。所以，篮球面是一个有限无边的二维空间。

按照宇宙学原理，在宇观尺度上，三维空间是均匀各向同性的。爱因斯坦认为，这样的三维空间必定是常曲率空间，也就是说空间各点的弯曲程度应该相同，即应该有相同的曲率。由于有物质存在，四维时空应该是弯曲的。三维空间也应是弯的而不应是平的。爱因斯坦觉得，这样的宇宙很可能是三维超球面。三维超球面不是通常的球体，而是二维球面的推广。通常的球体是有限有边的，体积是 $(4/3)\pi r^3$，它的边就是二维球面。三维超球面是有限无边的，生活在其中的三维生物（例如我们人类就是有长、宽、高的三维生物）无论朝哪个方向前进均碰不到边。假如它一直朝北走，最终会从南边走回来。

宇宙学原理还认为，三维空间的均匀各向同性是在任何时刻都保持的。爱因斯坦觉得其中最简单的情况就是静态宇宙，也就是说，不随时间变化的宇宙。这样的宇宙只要在某一时刻均匀各向同性，就永远保持均匀各向同性。

爱因斯坦试图在三维空间均匀各向同性且不随时间变化的假定下，求解广义相对论的场方程。场方程非常复杂，而且需要知道初始条件（宇宙最初的情况）和边界条件（宇宙边缘处的情况）才能求解。本来，解这样的方程是十分困难的事情，但是爱因斯坦非常聪明，他设想宇宙是有限无边的，没有边自然就不需要边界条件。他又设想宇宙是静态的，现在和过去都一样，初始条件也就不需要了。再加上对称性的限制（要求三维空间均匀各向同性），场方程就变得好解多了。但即使这样还是得不出结果。反复思考后，爱因斯坦终于明白了求不出解的原因：广义相对论可以看作万有引力定律的推广，只包含"吸引效应"不包含"排斥效应"。而维持一个不随时间变化的宇宙，必须有排斥效应与吸引效应相平衡才行。这就是说，从广义相对论场方程不可能得出"静态"宇宙，要想得出静态宇宙，必须修改场方程。于是他在方程中增加了一个"排斥项"，叫作宇宙项。这样，爱因斯坦终于计算出了一个静态的、均匀各向同性的、有限无边的宇宙模型。一时间大家非常兴奋，科学终于告诉我们，宇

宙是不随时间变化的，是有限无边的。看来，关于宇宙有限还是无限的争论似乎可以画上一个句号了。

宇宙的"宇宙模型"之说

一名不见经传的苏联数学家弗利德曼，应用不加宇宙项的场方程，得到一个膨胀的或脉动的宇宙模型。弗利德曼宇宙在三维空间上也是均匀、各向同性的，但是，它不是静态的。这个宇宙模型随时变化、分三种情况。第一种情况，三维空间的曲率是负的；第二种情况，三维空间的曲率为零，也就是说，三维空间是平直的；第三种情况，三维空间的曲率是正的。前两种情况，宇宙不停地膨胀；第三种情况，宇宙先膨胀，达到一个极大值后开始收缩，然后再膨胀，再收缩……因此第三种宇宙是脉动的。弗利德曼的宇宙模型最初发表在一个不太著名的杂志上。后来，西欧一些数学家、物理学家得到类似的宇宙模型。爱因斯坦得知这类膨胀或脉动的宇宙模型后，十分兴奋，他认为自己的模型不好，应该放弃，弗利德曼模型才是正确的宇宙模型。

同时，爱因斯坦宣称，自己在广义相对论的场方程上加宇宙项是错误的，场方程不应该含有宇宙项，而应该是原来的老样子。但是，宇宙项就像"天方夜谭"中从瓶子里放出的魔鬼再也收不回去了。后人没有理睬爱因斯坦的意见，继续讨论宇宙项的意义。今天，广义相对论的场方程有两种，一种不含宇宙项，另一种含宇宙项，都在专家们的应用和研究中。

早在1910年前后，天文学家就发现大多数星系的光谱有红移现象，个别星系的光谱还有紫移现象。这些现象可以用多普勒效应来解释。远离我们而去的光源发出的光，我们收到时会感到其频率降低，波长变长，并出现光谱线红移的现象，即光谱线向长波方向移动的现象。反之，向着我们迎面而来的光源，光谱线会向短波方向移动，出现紫移现象。这种现象与声音的多普勒效应相似。许多人都有过这样的感受：迎面而来的火车其鸣笛声特别尖锐刺耳，远离我们而去的火车其鸣笛声则明显迟钝。这就是声波的多普勒效应，迎面而来的声源发出的声波，我们感到其频率升高，远离我们而去的声源发出的声波，我们则感到其频率降低。

如果认为星系的红移、紫移是多普勒效应，那么大多数星系都在远离我们，只有个别星系向我们靠近。随之进行的研究表明，那些个别向我们靠近的紫移星系，都在我们的本星系团中（我们银河系所在的星系团被称为本星系团）。本星系团中的星系，多数红移，少数紫移；而其他星系团中的星系就全是红移了。

1929年，美国天文学家哈勃总结了当时的一些观测数据，提出一条经验规律，河外星系（即我们银河系之外的其他银河系）的红移大小正比于它们离开我们银河系中心的距离。由于多普勒效应的红移量与光源的速度成正比，所以，上述定律又表述为河外星系的退行速度与它们离我们的距离成正比：

$$V = HD$$

式中 V 是河外星系的退行速度，D 是它们到我们银河系中心的距离。这个定律被称为哈勃定律，比例常数 H 被称为哈勃常数。按照哈勃定律，所有的河外星系都在远离我们，而且，离我们越远的河外星系，逃离得越快。

哈勃定律反映的规律与宇宙膨胀理论正好相符。个别星系的紫移可以这样解释：本星系团内部各星系要围绕它们的共同重心转动，因此总会有少数星系在一定时间内向我们的银河系靠近。这种紫移现象与整体的宇宙膨胀无关。

哈勃定律大大支持了弗利德曼的宇宙模型。不过，如果查看一下当年哈勃得出定律时所用的数据图，人们会感到惊讶。在距离与红移量的关系图中，哈勃标出的点并不集中在一条直线附近，而是比较分散的。哈勃怎么敢于断定这

些点应该描绘成一条直线呢？一个可能的答案是，哈勃抓住了规律的本质，抛开了细节；另一个可能是，哈勃已经知道当时的宇宙膨胀理论，所以大胆认为自己的观测与该理论一致。以后的观测数据越来越精确，数据图中的点也越来越集中在直线附近，哈勃定律终于被大量实验观测证实。

宇宙到底有限还是无限

现在，我们又回到前面的话题，宇宙到底有限还是无限？有边还是无边？对此，我们从广义相对论、宇宙大爆炸模型和天文观测的角度来探讨这一问题。

满足宇宙学原理（三维空间均匀各向同性）的宇宙肯定是无边的。但是否有限，却要分三种情况来讨论。

如果三维空间的曲率是正的，那么宇宙将是有限无边的。不过，它不同于爱因斯坦的有限无边的静态宇宙，这个宇宙是动态的，随时间变化不断地脉动，不可能静止。这个宇宙从空间体积无限小的奇点开始爆炸、膨胀。此奇点的物质密度无限大、温度无限高、空间曲率无限大、四维时空曲率也无限大。在膨胀过程中宇宙的温度逐渐降低，物质密度、空间曲率和时空曲率都逐渐减小。体积膨胀到一个最大值后，将转为收缩。在收缩过程中，温度重新升高，物质密度、空间曲率和时空曲率逐渐增大，最后到达一个新奇点。许多人认为，这个宇宙在到达新奇点之后将重新开始膨胀。显然，这个宇宙的体积是有限的，这是一个脉动的、有限无边的宇宙。

如果三维空间的曲率为零，也就是说，三维空间是平直的（宇宙中有物质存在，四维时空是弯曲的），那么这个宇宙一开始就具有无限大的三维体积，这个初始的无限大三维体积是奇异的（即"无穷大"的奇点）。大爆炸就从这个

"无穷大"奇点开始，爆炸不是发生在初始三维空间中的某一点，而是发生在初始三维空间的每一点，即大爆炸发生在整个"无穷大"奇点上。这个"无穷大"奇点，温度无限高、密度无限大、时空曲率也无限大（三维空间曲率为零）。爆炸发生后，整个"奇点"开始膨胀，成为正常的非奇异时空，温度、密度和时空曲率都逐渐降低，这个过程将永远地进行下去。这是一幅不大容易理解的景象：一个无穷大的体积在不断地膨胀。显然，这种宇宙是无限的，它是一个无限无边的宇宙。

三维空间曲率为负的情况与三维空间曲率为零的情况比较相似。宇宙一开始就有无穷大的三维体积，这个初始体积也是奇异的，即三维"无穷大"奇点。它的温度、密度无限高，三维、四维曲率都无限大。大爆炸发生在整个"奇点"上，爆炸后，无限大的三维体积将永远膨胀下去，温度、密度和曲率都将逐渐降下来。这也是一个无限的宇宙，确切地说是无限无边的宇宙。

那么，我们的宇宙到底属于上述三种情况的哪一种呢？我们宇宙的空间曲率到底为正、为负还是为零呢？这个问题要由观测来决定。

广义相对论的研究表明，宇宙中的物质存在一个临界密度 pc，大约是每立方米三个核子（质子或中子）。如果我们宇宙中物质的密度 $p>pc$，则三维空间曲率为正，宇宙是有限无边的；如果 $p<pc$，则三维空间曲率为负，宇宙是无限无边的。因此，观测宇宙中物质的平均密度，可以判定我们的宇宙究竟属于哪一种，究竟有限还是无限。

此外，还有另一个判据，那就是减速因子。河外星系的红移反映的膨胀是减速膨胀，也就是说，河外星系远离我们的速度在不断减小。从减速的快慢，也可以判定宇宙的类型。如果减速因子 $q>1/2$，三维空间曲率将是正的，宇宙膨胀到一定程度将收缩；如果 $q=1/2$，三维空间曲率为零，宇宙将永远膨胀下去；如果 $q<1/2$，三维空间曲率将是负的，宇宙也将永远膨胀下去。

下面列出了有关的情况：

我们有了两个判据，可以决定我们的宇宙究竟属于哪一种了。观测结果表明，$p<pc$，我们宇宙的空间曲率为负，是无限无边的宇宙，将永远膨胀下去！

不幸的是，减速因子观测给出了相反的结果，$q>1/2$，这表明我们宇宙空间曲率为正，宇宙是有限无边的，脉动的。膨胀到一定程度会收缩回来。哪一种结论正确呢？有些人倾向于认为减速因子的观测更可靠，推测宇宙中可能有某些暗物质被忽略了，如果找到这些暗物质，就会发现 p 实际上是 $p>pc$ 的；另一些人则持相反的看法；还有一些人认为，两种观测方式虽然结论相反，但得到的空间曲率都与零相差不大，可能宇宙的空间曲率就是零。然而，要统一大家的认识，还需要进一步的实验观测和理论推敲。今天，我们仍然不能肯定宇宙究竟是有限还是无限，只能肯定宇宙无边，而且现在正在膨胀！此外，还知道膨胀开始于 100 亿~200 亿年以前，这就是说，我们的宇宙起源于 100 亿~200 亿年以前。

宇宙巨壁和宇宙巨洞

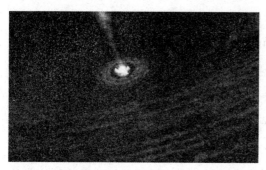

20 世纪 70 年代以前，人们普遍认为大尺度宇宙物质分布是均匀的，星系团均匀地散布在宇宙空间。然而，近年来天文研究的进步改变了人们的认识。人们发现，宇宙在大尺度范围内也是有结构的。

20 世纪 50 年代，沃库勒首先提出包括我们银河系所属的本星系群在内的本超星系团。近年来，已先后发现十几个超星系团。星系团像一些珠子，被一些孤立的星系串在一起，形成超星系团。最大的超星系团的长度超过 10 亿光年。1978 年，在发现 A1367 超星系团的同时发现了一个巨洞，其中几乎没有星系。不久，又在牧夫座发现一个直径达 2.5 亿光年的巨洞，巨洞里有一些暗的矮星系。巨洞和超星系团的存在表明，宇宙的结构好像肥皂泡沫那样由许多巨洞组成。星系、星系团和超星系团位于"泡沫巨洞"的"壁"上，把巨洞隔离开来。1986 年，美国天文学家的研究结果表明，这些星系似乎拥挤在一条杂乱相连的不规则的环形周界上，像是附着在巨大的泡沫壁上，周界的跨度约50兆秒差距。后来他们的研究又得到进一步的发展。他们指出：宇宙存在着尺度约达50兆秒差距的低密度的宇宙巨洞及高密度的星系巨壁，在他们所研究的天区存在一个星系巨壁，

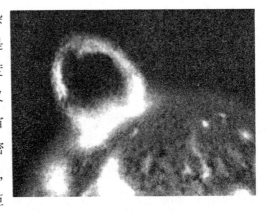

巨壁长为170兆秒差距，高为60兆秒差距，宽度仅为5兆秒差距。

星系巨壁（也称宇宙长城或宇宙巨壁）和宇宙巨洞是怎样产生的呢？人们认为应从宇宙早期找原因，在宇宙诞生后不长时期内，虽然宇宙是均匀的，但各种尺度的密度起伏仍然是存在的，有的起伏被抑制了，有的起伏得以发现，被引力放大成现在所观测到的大尺度结构。

暗物质之谜

不少天文学家认为宇宙中有90%以上的物质是以暗物质形式隐蔽着的。有

什么事实和现象表明宇宙中存在暗物质呢？

早在20世纪30年代，荷兰天文学家奥尔特就注意到，为了说明恒星来回穿越银道面的运动，银河系圆盘中必须有占银河系总质量的一半的暗物质存在。20世纪70年代，一些天文学家的研究证明星系的主要质量并不集中在星系的核心，而是均匀地分布在整个星系中。这

就暗示人们，在星系晕中一定存在着大量看不见的暗物质。这些暗物质是些什么呢？

科学家们认为，暗物质中有少量是所谓的重子物质，如极暗的褐矮星，质量为木星30～80倍的大行星，恒星残骸、小黑洞、星系际物质等。它们与可见物质一样，虽然也是由质子、中子和电子等组成的物质，但很难用一般光学望远镜观测到它们。相对而言，绝大部分暗物质是非重子物质，它们都是些具有特异性能的、质量很小的基本粒子，如中微子、轴子及探讨中的引力微子、希格斯微子、光微子等。

怎样才能探测到这些暗物质呢？科学家做了许多努力。对于重子暗物质，他们重点探测存在于星系晕中的暗天体，它们被叫作大质量致密晕天体。1993年，由美澳等国天文学家组成的三个天文研究小组开始了寻找致密晕天体的研究工作。截至1996年，他们报告说已找到7个这样的天体。它们的质量从1/10个太阳质量到1个太阳质量不等。有的天文学家认为这些天体可能是白矮星、红矮星、褐矮星、木星大小的天体、中子星以及小黑洞，也有人认为银河系中50%的暗物质可能是核燃料耗尽的死星。

关于非重子物质，人们现在尚未观测到这些幽灵般的粒子存在的证据。

对中微子质量的测量，1994年美国物理学家怀特领导的物理学小组测量出中微子质量在0.5～5电子伏（1电子伏等于$1.7827×10^{-36}$千克），在每一立方米的空间中约有360亿中微子。如果是这样的话，那么宇宙中全部中微子的总质量要比所有已知星系质量的总和还要大。

到目前为止，宇宙中暗物质的问题仍是未解之谜。

宇宙中的"反物质"

我们都知道，目前人类观测到的世界是由物质构成的，而物质又是由原子构成的。原子的中心是原子核，原子核是由质子和中子组成的，电子在围绕原子转。原子核里的质子带正电荷，电子带负电荷，它们携带的电量相等。从它们的质量比较上看，质子是电子的1840倍，形成了强烈的不对称性。因此，20世纪初有一些科学家就提出疑问，两者相差这么悬殊，会不会存在另外一种粒子，这种粒子与基本粒子电量相等而电荷相反？

1978年8月，欧洲一些物理学家成功地分离了300个反质子并储存了长达85个小时。1978年，美国新墨西哥州州立大学的科学家把一个有60层楼高的巨大氢气球放到离地面35千米的高空，气球飞行了8个小时后，他们宣布捕获了28个反质子。从此，人们开始相信，每种粒子都有相应的反粒子。目前，科学家利用高能加速器已制造出了反氚核和反氦核。

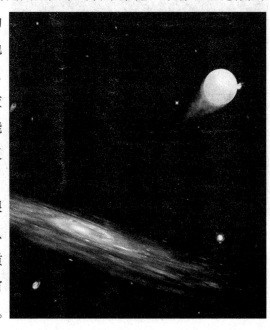

既然有反粒子的存在，人们很自然地联想到反氢分子、反元素、反分子，由此便构成了一个反物质世界。有人进一步提出假说：宇宙是由等量的物质和反物质构成的。

如果真有反物质世界，那么，它只有不与物质会合才能存在。可物质和反物质怎样才能不会合呢？怎样才能判断出宇宙中哪些天体是物质，哪些是反物质呢？为什么我们所知道的世界中反物质会这么少？这些都是留待人们去解开的谜团。

宇宙的尽头在哪儿

宇宙是无限的吗？如何理解这种无限呢？宇宙是有限的吗？那么宇宙的尽头又在哪里呢？类似这种问题长久以来一直困扰着人类。随着科学的发展，人类认识宇宙的范围越来越大，那么现在我们是否能够找到宇宙的尽头呢？科学家们都在进行着各自的探索。

当观测天体的时候，人们发现它的谱线不是在标准波长的位置上。所有谱线的波长都加长了，这表明谱线向红端移动，这种现象叫做谱线红移，它是由多普勒效应引起的。当天体或观测者运动时，天体发出的光和电波的波长就会发生变化。天体向着观测者运动，距离不断缩短，波长就会变短；天体背离观测者运动，距离不断加长，就会观测到波长加长的现象。天体谱线红移表明天体背离我们向远方运动。

如果我们用"Z"表示红移的程度，那么在地球上观测时，红移为"Z"的天体发出的光和电波波长就变成原波长的 $1+Z$ 倍。例如在红移为 4 的天体中，氢原子发出的波长为 1216 埃的紫外线，而在地球上观测到的波长却是 6080 埃的红光，变成了眼睛可以观察到的可见光了。

按照多普勒效应，背离速度越大，红移也就越大。于是就可以根据红移求出天体离开我们的速度。

如果用光谱分析法分析来自天体的光，就能够检出氢、氧、碳等原子发出的特定的、经过红移之后的波长。由此可以计算出这些特定波长发生红移的程度。按照多普勒效应，天体红移意味着宇宙在膨胀，广义相对论的引力场方程也有"膨胀的宇宙学"的解，于是形成了"宇宙膨胀论"。还有一些人提出了其他形式的宇宙论，如"稳恒态宇宙论"等。这些宇宙论也都主张宇宙膨胀。采用把红移换算成距离的方法，求得天体到地球的距离，随着所采用的宇宙模型不同而各不相同。

确定了宇宙模型，还应当利用观测求出用哈勃常数表示的现在宇宙膨胀速度和用"减速参量"表示的宇宙膨胀减速率。按照宇宙诞生之后就急速膨胀的宇宙模型，假定哈勃常数为 50 千米/100 万秒差距（1 秒差距约为 3.26 光年），"减速参量"为 0.5，可以计算出宇宙的年龄为 130 亿年，即地球到宇宙的"尽头"的距离从理论上来说应是 130 亿光年。

1988 年 8 月美国约翰斯·霍普金斯大学的钱伯斯和宇宙望远镜科学研究所的乔治·麦里发现了编号为 4G41.17 的天体，随后美国基特山顶的国立天文台对它进行了摄影和光谱观测。

对氢原子和碳原子发射光谱测定的结果表明 4G41.17 就是红移为 3.8 的天体，根据前面的模型，这个天体离地球是 117 亿光年。以前确认编号为 0902+34 的天体离地球最近，它到地球的距离是 115 亿光年。

此外，还要考虑到光和电波以每秒约30万千米的速度传播。离地球117亿光年的4G41.17发出的光和电波经过了117亿年才达到地球。因此我们看到的是117亿年前的4G41.17的雄姿。这样我们不仅观测到了"远方的宇宙"，而且也观测到了"昔日的宇宙"。

钱伯斯的观测清楚地表明了，在宇宙诞生13亿年后就有星系形成了。

在宇宙中被称为"黑暗物质"的粒子是很多的，它们占据了宇宙质量的绝大部分。质子和中子等重子统称为基本粒子，在"黑暗物质"密度非常高的地方凝缩起来就形成了星系。这就是星系形成的"背景模型"。根据"背景模型"，宇宙诞生13亿年之后，就有星系形成了。数年前人们观测到了红移为0.5、距地球60亿光年的星系，为了寻找更远的天体，人们又建立了多台直径为4米的大型望远镜，接着又开发了红外线摄像机和CCD（电荷耦合器件）摄像机等新技术。这为发现新的、距地球更远的星系提供了可能性。

研究人员如今观测到一个宇宙大爆炸后仅7亿年诞生的星系，该星系距离地约300亿光年，是迄今为止发现的距离地球最远的星系。

球这个名为Z8_GM7_5296的星系是目前观测到的最接近宇宙"黑暗时代"的星

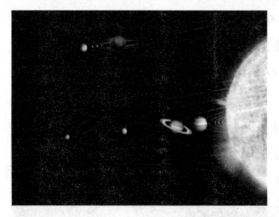

系——在"黑暗时代"期间，宇宙中充满了中性的氢气，这一时期在宇宙大爆炸后，持续了数亿年的光景，直至第一批恒星与星系开始发光。随着恒星、星系的逐渐形成，这团"迷雾"由于逐渐电离而最终消散，然而，这一过程究竟是何时开始的，以及持续了多长时间却依旧没有正论。其实，宇宙无限巨大，人类探索的脚步永无止境。

宇宙中的不明冷暗物质

一个由来自中国科学院高能物理研究所、清华大学、中国原子能研究院等9家单位近25名专家组成了合作小组，他们在我国开展了一项世界天体与粒子物理及宇宙科学界高度重视的热门的课题研究：追踪一种可能是宇宙早期爆炸后遗留至今的弱作用重粒子——超对称粒子。

首席科学家、中国科学院高能物理研究所研究员戴长江说："一旦经过科学的重复证实这种弱作用重粒子确实存在，将极大地支持超对称粒子模型。不管最终结果如何，对这种新粒子的寻找对于粒子物理、天体物理及宇宙学的发展都具有重大的科学意义。"

冷暗物质之谜

从原子物理到原子核物理，再到今天的粒子物理，物理学的日臻完善已经能够很好地解释许多诸如复杂的天体运动本质的自然现象。宇宙学模型认为，宇宙大爆炸后经历了超高能、高能、低能过程，对应的物理规律也符合大统一、弱电统一和量子色动力学，宇宙大爆炸及其演化所产生的粒子均遵循这些规律。

然而，在宇宙中还可能存在着一些弱作用冷暗物质粒子，它们的形成及运动规律是现有粒子物理模型所不能解释的，于是科学家们又提出了超对称粒子物理模型。

现代天文观测和爆炸宇宙论的研究表明，宇宙中的物质绝大多数是暗物质，而暗物质中大多数是由冷暗物质粒子组成的非重子暗物质，现在普遍的看法认

为，这种冷暗物质粒子在宇宙中的含量超过20％。

戴长江研究员认为，尽管目前实验室还不能对这种新物理模型假说提供有力的证据，但超对称粒子物理模型能很好地解释某些宇宙现象是毋庸置疑的，例如，宇宙螺旋星系中星云旋转速度几乎不随星云盘径向的距离改变以及在星系空间气体辐射的X射线观测中发现的气体平均速度大于其逃逸速度都能从中得到解释。

自1985年以来，宇宙中暗物质的研究已成为天体物理、粒子物理和宇宙学的交叉热点，其中对冷暗物质粒子——超对称粒子的观测研究是当今非加速器物理实验最热门的课题之一。

冷暗物质之争

美国、法国、日本等科技大国的物理学家正在夜以继日地观测研究宇宙冷暗物质，如西欧核子中心（LSC）正在建造一个大型超高能粒子加速器，以捕捉和观测宇宙中可能存在的超对称粒子。

与此同时，一个目标相同但采取自然观测以降低实验成本的科研小组在经过600天的观测后，已经得到了能够证实超对称粒子确实存在的初步证据，这个科研小组由意大利罗马大学牵头，中国科学院高能物理研究所由于在实验方法技巧、数据系统处理、电子插件研制

等方面具有优势，1992 年在法籍华人陶嘉琳女士的促成下成为重要合作单位之一。

该科研小组研制了 100 千克放射性很低的碘化钠晶体阵列，用于在自然界直接寻找相互作用极弱的超对称粒子。为了防止宇宙线的干扰，他们将实验设备安装在意大利格朗萨索国家实验室中，这个实验室位于岩层厚度达 1000 米的阿尔卑斯山脉下的一个山洞中，可以很好地屏蔽宇宙线。

在对 1996 ～ 1999 年累计达 600 天的有效实验数据进行分析后，该实验小组获得了 3 个周期的年调制效应，显著性近 4 倍标准偏差，种种迹象表明，宇宙中可能存在超对称粒子。他们甚至还估计出了这种超对称粒子的质量和流强上限。

正如美国南卡罗来纳大学的物理学家弗兰克·阿维尼奥内所评说的："如果这一发现属实，那么它无疑是具有诺贝尔奖水平的。"当意中科研小组对外公开他们的发现时，在科学界引起了轩然大波。

美国斯坦福大学的物理学家们对外宣称，他们也进行了一项捕获宇宙中弱作用重粒子的实验，"但结果可能与意中科研小组的研究成果相抵触"。在随后举行的第四届宇宙暗物质来源及探测国际研讨会上，意大利罗马大学的科学家代表驳斥了斯坦福大学的结论，认为"两项实验之间存在的实质性区别以及弱作用重粒子的未知属性可能意味着我们也许最终会发现两项实验的结果都是正确的"。

冷暗物质之梦

戴长江研究员这样描述这种未知的超对称粒子：质量至少是质子的 50 倍，由于和其他物质发生相互作用的概率很低，能够几乎不留痕迹地经过其他物质。

他说："我们现在要和时间赛跑，和世界上众多的科研机构竞争，一旦证实宇宙中真的存在这种用常规方法观测不到的冷暗物质粒子，对爆炸宇宙学模型和超对称粒子物理模型将是一个强烈的支持，也就把我们对客观规律的认识大大向前推进了一步。"

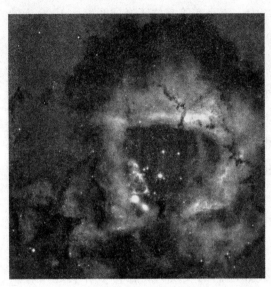

由于这种冷暗物质粒子具有弱作用的特征，因此要在实验室里记录和捕捉它极其困难。科学界一般用两种方法来探测它：一是间接法，采用地下大型的中微子探测器或空间磁谱仪等规模大、接收度高的设备，通过探测正反超对称粒子湮灭所产生的次级粒子来确认，但此法由于中间过程多，待定参数也多，较难获得准确的观测结果；二是直接接法，即直接探测超对称粒子经过实验晶体阵列时留下的极其微弱的作用，此法由于成功的概率很低，因此需要研制相当规模的高灵敏度的探测系统和开发相应的实验技术方法。

揭秘宇宙的黑洞

晴朗的夜晚人们常常遥望星空，那些亮晶晶的小星星看起来没有什么个性，它们存在的唯一证明只是它们的光亮。然而还有不发出亮光的星体，它们存在的意义更为重大。美国宇航局曾经发射了高能的天文观测系统，以研究太空中看不见的光线。

在发回的 X 射线宇宙照片中，最惊人的一幕是那些从前被认为"消失"了的星体依旧放出强烈的宇宙射线，远甚于太阳这样的恒星体。这证明了长久以来一个怪异的设想：宇宙中存在着看不见的"黑洞"。

黑洞的性质不能用常规的观念思考，但是它的原理中学生都能接受。黑洞形成的必要条件就是：一个巨大的物体，集中在一个极小的范围。晚期的恒星恰巧具备了这个条件。当恒星能量衰竭时，高温的火焰不能抵消自身重力，逐渐向内聚合，原子收缩——牛顿法则起作用了：恒星进入白矮星阶段，体积变小，亮度惊人。白矮星进一步内聚，最后突然变成一个点，整个过程不到一秒钟。在我们看来便是，恒星消失了，一个黑洞诞生了。

一个像太阳这样大的恒星自身引力如此之大，最终可能收缩成一个高尔夫球，甚至"什么都没有"。由于无限大的密度，崩坍了的星体具有不可思议的引力，附近的物质都可能被吸进去，甚至光线都不能逃脱——这就是我们看不

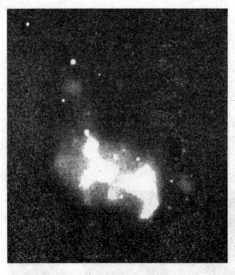

见它的原因。这个深不可测的洞就被称为"黑洞"。科学家相信大多数星系的中心都有黑洞，包括我们身在其中的银河系。根据相对论，90%的宇宙都消失在黑洞里。所以一种更令人吃惊的说法是："无限的黑洞乃是宇宙本身。"

黑洞里面有什么只能从理论上推测。假如一位勇敢的人驾驶飞船奔向黑洞，他感觉到的第一件事就是无情的引力。从窗口望出去是周围星光衬托下一个平底锅似的圆盘，走得更近了，远方似乎是宽广的"地平线"发出的X光包围着深不可测的黑洞。光线在附近扭曲，形成一个光环。这时宇航员要返航已来不及了，双脚引着他向黑洞中心飞去，头和脚之间巨大的引力差使他如同坐在刑具台上，远在"地平线"以外3000英里（约4828千米），引力就把他撕碎了。

那么，怎么才能在无际的太空中发现黑洞呢？天文学家利用光学望远镜和X射线观察装置密切地注视着几十个"双子"星座，它们的特别之处在于两个恒星大小相等，谁都不能俘获谁，因而互轨道运转。如果其中一颗星发生不规则的轨道变化，亮度降低或消失，有可能就是因为附近产生了黑洞。

人类为探索黑洞付出了不懈努力。最为成功的一次是在肯尼亚发射的被称作"乌胡鲁"的第一颗X射线卫星观测系统，这个装置在发射后运行3个月就感到天鹅星座的异常。天鹅座X-1星发出的"无线电波"使得人们可以准确地测定它的位置。X-1星比太阳大20倍，离

地球 8000 光年。研究表明这颗亮星的轨道发生了改变，原因在于它的看不见的邻居——一个有太阳 5 ～ 10 倍大的黑洞，它围绕 X-1 旋转的周期是 5 天，它们之间的距离是 1300 万英里（约 20 921 472 千米）。这是人类确定的最早的一颗黑洞体。

自哥白尼和伽利略以来，还没有一个关于宇宙的理论具有如此的革命性。黑洞的普遍性一旦证实，那么"宇宙不仅比我们所想象的神秘，而且比我们所能想象的还要神秘"。我们知道宇宙处于不断地扩张中，这是"宇宙核"初始爆炸的结果，宇宙核仍是一切物质的来

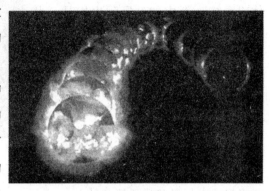

源。当那里的物质越来越稀薄时，宇宙是否停止扩张？天体的巨大引力是否最终引起宇宙收缩？相对论回答：是的。黑洞的存在部分地证实了它的预言。即使宇宙不会消失在一个黑洞中，也可能会消失在几百万个黑洞中。另外，彻底揭开黑洞之谜，还意味着给予有关人类终极命运的思索一个明确的答案。

揭秘宇宙中的星云

当我们提到宇宙空间时，我们往往会想到那里是一无所有的、黑暗寂静的真空。其实，这不完全对。恒星之间广阔无垠的空间也许是寂静的，但远不是真正的"真空"，而是存在着各种各样的物质。这些物质包括星际气体、尘埃和粒子流等，人们把它们叫作"星际物质"。

星际物质与天体的演化有着密切的联系。观测证实，星际气体主要由氢和氦两种元素构成，这跟恒星的成分是一样的。人们甚至猜想，恒星是由星际气体"凝结"而成的。星际尘埃是一些很小的固态物质，成分包括碳合物、氧化物等。

星际物质在宇宙空间的分布并不均匀。在引力作用下，某些地方的气体和尘埃可能因相互吸引而密集起来形成云雾状。人们形象地把它们叫作"星云"。按照形态，银河系中的星云可以分为弥漫星云、行星状星云等几种。

弥漫星云正如它的名称一样，没有明显的边界，常常呈不规则形状。它们的直径在几十光年左右，平均密度为每立方厘米 10 ~ 100 个原子（事实上这比实验室里得到的真空密度要低得多）。它们主要分布在银道面附近。比较著名的弥漫星云有猎户座大星云、马头星云等。

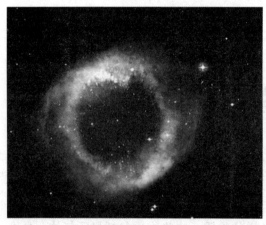

行星状星云的样子有点像喷吐的烟圈，中心是空的，而且往往伴有一颗很亮的恒星。恒星不断向外抛射物质，形成星云。可见，行星状星云是恒星晚年演化的结果。比较著名的有宝瓶座螺旋星云和天琴座环状星云。

这些星云是宇宙中的重要组成部分，我们研究天体的时候，可千万不要忽略了它们的存在啊。

关于宇宙大爆炸

随着人类飞天梦的实现和航天事业的发展，人们对宇宙的认识越来越深刻，太空中那些神秘的星球也一天天露出它们的真实面目。然而，浩瀚的宇宙实在是太神秘了，它仍然深藏着无数目前人类科学还无法破解的奥秘和神奇。在这些宇宙的未解之谜中，首先，人类要面对的就是宇宙是怎么来的，后来又是如何演化的问题。

人们对此有种种说法。

在 20 世纪 20 年代，比利时天文学家勒梅特曾经提出了一个十分有趣的理论，他认为宇宙的物质和能量最初是被包裹在"宇宙蛋"内的，后来这个"宇宙蛋"爆炸破碎并急剧膨胀，便形成了今天这样的结果。

在 20 世纪 40 年代，美籍俄罗斯人、天体物理学家伽莫夫对勒梅特的理论非常赞赏，他十分同意这个理论，并把它称作"宇宙大爆炸"理论。

伽莫夫对这一理论进行了深入的研究，给我们描绘了混沌之初的情景，也就是大爆炸后的景象。他说大爆炸发生后，宇宙间混沌迷蒙一片，无数的物质在飘动着，有大有小，大的物质块把数不清的小块物质吸附到自己身上，慢慢地成为一体，这便成了后来的星球……

伽莫夫还预言对大爆炸遗迹的观测应该对应一个温度为 –268℃ 的宇宙背景

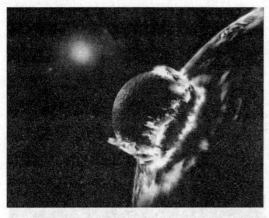

辐射。由于当时伽莫夫的说法并没得到科学的论证，所以很少有人相信他的理论。

1964 年，美国研究者鲍勃·迪克试图用科学方法论证宇宙大爆炸的存在。他认为，宇宙大爆炸即将发生前，宇宙中所有的物质和能量被压缩在一个很小的空间，所以温度很高，高达几万亿摄氏度。随着宇宙的爆炸膨胀，温度不断降低。尽管宇宙不断冷却，大爆炸的强大闪光所发出的光波却连绵不断，永久存在。它们是以很长的射电波的形式而存在着的。迪克和他的研究组设计了一种喇叭形的天线，以此来测试宇宙大爆炸后残留在天空的辐射。后来，美国贝尔实验室的两名科学家也参与了这一行动。

经过艰苦的测试和细致的数据分析，1965 年，科学家们宣称他们接收到了来自天空的宇宙大爆炸的残留辐射。十几年后，这个发现获得了诺贝尔奖，被科学界认定为"人类在宇宙学研究上的巨大突破"。

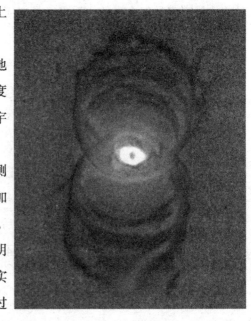

在这次行动中，科学家们还意外地发现了宇宙背景辐射的温度，这个温度接近于伽莫夫预言的温度，这为"宇宙大爆炸"理论又提供了一个证据。

1989 年，科学家用宇宙背景探测器再次探测到宇宙中的射电波，它更加证明了"宇宙大爆炸"理论的可靠性。

尽管"宇宙大爆炸"理论被证明具有很大的合理性，但是，能不能在实验室内演示一下宇宙大爆炸的演变过

程，这可是一个大胆的、有趣的
设想。

20世纪80年代末，欧洲的一些
科学家在巨大的正负电子对撞机上进
行了尝试。实验的初步结果表明，
200亿年前发生的大爆炸过程中，许
多自然界不存在的且寿命极短的粒子
曾经诞生，并在极短时间内形成恒星和星云物质。

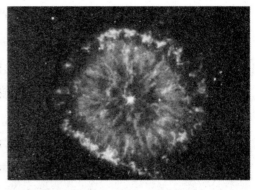

尽管科学界普通认可"宇宙大爆炸"理论，但还有许多问题用这个理
论无法解释清楚。例如，宇宙之初的大爆炸到底是由什么引起的，而后，宇宙
又用怎样神奇的方式形成了今天的宇宙，作为宇宙大爆炸产生的后果，我们现
在这个宇宙最后的归宿在哪里……这一切仍然在探索之中。

美国国家科学院天文学调研委员会对"宇宙大爆炸"理论曾这样评价：
"现在所掌握的资料尚不精确，对它们的解释或许还有许多问题，这个理论还有
待于人们对它的进一步验证。"

来自太空的石头

陨石是坠落地面的流星体残余。一般认为，它的重要来源是彗星和小行星。
它可分为三大类：

（1）陨石，这是各类陨石的统称。有时为区别起见，称为石陨石。多数石
陨石中到处可见到很小的球状颗粒，直径一般从零点几毫米到几毫米，由于它
们是在特殊条件下形成的，其结构也是前所未见的。这种球状颗粒结构在地球

上的岩石内还没有见到过。含球状颗粒结构的石陨石中，球粒陨石约占84%。世界最大的石陨石于1976年3月8日降落在中国吉林省，在已收集到的100多块陨石碎片中，最重的一块约1770千克。

（2）陨铁，或称铁陨石，几乎全部都是由铁和镍等金属元素组成，譬如铁占90%左右，镍占5%~8%，或更多些。世界上已知的最大的陨铁仍在降落原地，即非洲纳米比亚南部，质量约60吨。名列世界第三的中国"新疆大陨铁"，质量约30吨。

（3）陨铁石，或称石铁陨石，是介于陨石和陨铁之间的一种陨石，大体上由铁、镍等金属和硅酸盐各半组成。这类陨石比较少见。

据估计，每年大约有千万颗陨石降落到地球上来，其中大部分落到了荒无人烟的地方或江河湖海里去了，只有很少一部分被人们找到。人们在接待这些"宇宙来客"之时，不禁发问：这些神秘的天外来客的故乡究竟在哪里？

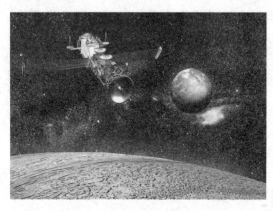

大多数人认为，陨石的故乡是在太阳系的小行星带上。小行星沿着椭圆形的轨道围绕太阳运行，当它们接近地球时，有些便告别了家乡，前来拜访地球。1947年2月12日上午10时左右，一块巨大的陨石落在了符拉迪沃斯托克北面的锡霍特·阿林山脉上。考察队员根据陨石坠落的方向和角度，推测出了这颗陨石进入地球大气层时的轨道是细长的椭圆形，近日点在火星和木星的轨道之间，远日点在地球内侧。所有这一切说明这颗陨石的轨道与小行星的轨道是一致的。因此可以说，这颗陨石的前身是小行星。1959年4月7日晚，落在捷克斯洛伐克布拉格市附近菲拉布拉姆镇的那颗陨石，科学家们根据它下落的方向和速度，也推测出了它来自于小行星。1970年，降落在美国俄克拉荷马州北部的罗斯特西底的一颗陨石，根据它的运行轨道，也证明它是一颗小行星。

与此同时，也有人认为，陨石是由彗星转变而来的。因为有些彗星只有彗核，没有彗发和彗尾，这就很难与小行星分辨了。日本东京大学的古在山秀博士就认为，最早发现的小行星伊卡鲁斯很可能就是由彗星转变来的。有人还就小行星和陨石的结构进行分析，发现它们的物质构成是相同的。

就在人们对陨石的故乡进行寻找的同时，人们在陨石当中发现了金刚石。我们知道，金刚石是一种比较坚硬的矿物，没有高气压是难以形成的。那么，陨石里为什么会有金刚石呢？

苏联地质学家尤里·波尔卡诺夫认为，要想形成金刚石，陨石的母体应该有月亮那么大才行。因为碳元素是构成金刚石的重要物质，要使碳元素变成金刚石，至少也需要两三万个大气压。月亮的半径是 1700 千米，它的中心部位的压力可达四五万个大气压。由此看来，陨石母体如果小于月亮是很难形成金刚石的。

关于陨石中金刚石的成因，还有另一种说法，认为是在陨石与地球相撞时形成的。在美国西部亚利桑那州科科尼诺县，有个举世瞩目的巴林杰陨石坑，人们在这个陨石坑的边缘找到了含金刚石的陨石。有人认为，这种含金刚石的陨石可能是在陨石与地球相撞时所产生的冲击力的压力下形成的。只要这种冲击力足够大，就可能形成金刚石。在这种情况下，陨石母体没有月亮那么大也就无关紧要了。

除了以上两种著名观点之外，还有一种观点认为，陨石在空间飘荡的时候，与其他陨石相撞，在足够的冲击力下产生了金刚石。

美丽的流星

人们把沿椭圆轨道绕太阳运行的行星际空间尘埃和固体块称为流星体，而把它们闯入地球大气层与大气摩擦燃烧产生的光迹称为流星。流星通常被分为偶现流星和流星群。人们把肉眼观察到的流星在天球上的发光点的位置称为流星的出现点，其发光的最终点的位置称为流星的消失点，从出现点到消失点所经过的路径称为流星路径。亮度大于金星的流星称为火流星，有的火流星甚至白昼可见。

那些充满了神秘色彩的诡奇、壮丽的流星，常常被认为是"天外来客"。然而，深入分析可以发现，许多流星也可能是电离层或辐射带中的尘埃等离子体发生辐射复合的一种现象。

观测表明，大部分流星在离地面130～1010千米时开始发光，而这恰恰是电离层中存在较高密度的金属离子的高度。另外，很多流星陨落时伴随"有声如雷"的现象。如清穆宗同治十二年六月十三（1873年7月7日）夜，有流星

光芒照地，坠于西南，其声如雷。清德宗光绪三十年（1904年）有大星如斗，自东而西，有声如雷随之。类似记载极为丰富。"有声如雷"正是等离子体复合放能使空气振动而形成的。

值得注意的是，不仅古籍中记载了许多流星出现时"有声如雷"

的现象，现代人也听到过流星发出的种种不同的声音。1973年8月10日，苏联鄂木斯克省漆黑的夜空中突然闪出一道白色的电光，照得四周亮如白昼，在流星飞行的 15 ~ 18 秒钟期间，一直可以听见嘈杂的响声，好像一只巨大的鹫鹰从高空中猛扑下来。

目击者们对于流星之声的描述是形形色色、千奇百怪，诸如嗡嗡声、沙沙声、啾啾声、辘辘声、刺刺声、淙淙声，子弹、炮弹、火箭飞过时的啸声，惊鸟飞起时的扑棱声，群鸟起飞时的拍翅声，火药燃烧时的哧哧声……研究者给这种流星起了一个确切的名字：电声流星。

雷声和其他各种各样的"电声"正是等离子体复合放能使空气振动导致的。不同的声音显示了不同的离子成分和不同的电场状况。

流星中有一种被称为"火流星"，如 1962 年 7 月 3 日晚 9 时 15 分左右，在我国北京地区上空出现了一个大火球，由东向西飞驰。火球头部如一个白炽的圆球，不断向四周喷溅出金色的光芒，一条橙黄色的长尾拖在其后……这样的火流星可能也正是电离层或辐射带中的等离子体形成一个复合单元并达到复合条件后的复合过程。这个过程也是一种辐射复合，所以会"喷溅出金色的光芒"。

在一年当中，主要的流星群大都集中在 7 月份以后出现。据资料统计，在北半球每年 4 月偶现流星最少，9 月最多。每天后半夜看到的流星数目比前半夜多，后半年的流星数比前半年多。

为什么主要流星群都集中在 7 月份以后出现，且北半球每年 4 月偶现流星

最少，9月最多呢？因为7月份以后是北半球受太阳辐射最强烈的时期，电离层中的等离子体密度升高，发生复合的概率也增加。4月份是太阳向北回归线运动、北半球电离层电场强度持续上升的时期，此时电离层等离子体发生复合的概率较低，故偶现流星最少。而9月份则是太阳向南回归线运动的时期，北半球电离层电场逐渐减弱，等离子体复合概率上升，故9月份偶现流星最多。下半夜比上半夜流星多，同样是由于下半夜电离层电场由于辐射而减弱后，有更多的等离子体团块发生了复合而形成流星。

当电离层或辐射带中的等离子体含有较多的碳离子、氮离子、氢离子、氧离子时，就会复合为某种有机物或类似有机物的物体，这种复合过程通常也会以"流星"的形式表现出来。流星产生的这类物体通常被称为"凝胶体""天雨肉""雨血"等。有大量资料记载了这类现象。

自历史上有文字记载以来，其描述的基本现象一直是相同的。人们看到一颗流星落在附近，经调查研究，发现在相近的地方有一团像胶体一样的东西。

1844年10月8日，在德国科布伦茨附近，天黑后，有两个德国人在犁过的一片干旱田地里漫步，突然他们看到一个发光物体径直地降落在离他们不到20米处并清楚地听到它撞击地面的声音。他们把现场做了记号，第二天一大早，发现一团非常粘黏的灰色凝胶物，用柴棍拨弄它时就整个颤动。

当电离层或辐射带中由于某种原因而聚集了大量硫离子（如火山爆发喷出硫离子等）并发生复合时，就会形成"硫黄雨""火硫星"、酸雨等。1873年6

月17日，匈牙利和奥地利报道了一个奇特的自然现象。据完全可靠的消息说，在席坦及其邻近地区上空，一颗流星爆破之后不久，一颗像拳头大小燃烧着的硫熔体坠落在莱金堡以南约6千米的一个名叫普劳斯奇伟兹村庄的道路上，那颗流星几乎就在该村的天空爆炸。燃烧的硫熔体被一群村民扑灭了。

1867 年 10 月 18 日，休莱地区的居民在夜里目睹了一次非常稀奇的现象——"火阵雨"。这场火雨下了大约 10 分钟就停止了，火雨不断地降落时发出一种亮光。第二天早上，村里的一些水坑和水桶里覆盖着一层厚厚的硫的沉积物。

同样，当电离层和辐射带中由于诸如海水蒸发而使钠离子进入大气层等原因而聚集了大量钠离子时，还可能会下"盐暴"，如 1815 年袭击马萨诸塞州海岸的那次"盐暴雨"。据当地老百姓描述，那天刮起大风，大雨滂沱，在周围 1 千多米范围之内，房屋和所有东西都蒙上了一层盐。

由此可知，史书上大量记载的"流星""陨石""陨石雨"，基本上都属于这种"电离层或辐射带等离子体复合"事件。

能够发出声音的流星

流星竟然会发声，似乎闻所未闻。然而，事实的确就是这样！

人们对于流星不会感到陌生，然而有一点却使人感到困惑不解：伊西利库尔人是先听到了奇怪的声音，然后才看到流星的。

伊西利库尔是一座小城，位于俄罗斯辽阔的西伯利亚平原。那是许多年前的一个寒冷的冬夜，城里的大街小巷堆满了积雪。在这片雪原的上空是繁星闪烁的天宇，四周一片寂静。

突然，从天宇的某个地方，传来了一声尖锐刺耳的裂帛声。人们翘首远眺，只见一颗璀璨的流星，散射着金黄色的光芒，像箭一般掠过长空。流星留下了一条长而发亮的轨迹。与此同时，那种裂帛似的声音也随之消失了，小城的雪

夜又重归寂静。

这到底是怎么回事呢？

众所周知，流星以飞快的速度进入大气层后，和空气发生剧烈的摩擦，很快便烧成一团火球。绝大多数流星在60～130千米处的高空就已燃烧殆尽，只有极少数到20～40千米的高空处才烧完。而声音在大气中的传播速度是330米/秒，因此从那么高的地方传送到我们耳边的时间至少需要1分钟，更准确地说要在3～4分钟之后。当流星飞过天空的同时，人们听到了它所发出的刺耳的声响，就好像在看见闪电的同时就听到雷声，表明这个雷就落在我们的身旁。难道这颗流星竟是在离人们的头顶不过几十米的空中飞过去的吗？这显然是不可能的！

尽管许多人认为同时看到流星和听到声音是完全不可能的，然而世界各地的研究者们积累下来的材料却越来越多，许多史册中也有类似的记载。为了研究这一奇特现象，俄罗斯著名科学家德拉韦尔特教授收集了大量伴有反常声音的流星资料，并给这种奇怪的流星起了一个确切的名字：电声流星。

在德拉韦尔特教授所整理的电声流星记录表中，有这样几段有趣的记载：

1706年12月1日，托波尔斯克城的一位居民在流星飞过时，听到了一阵刺耳的"沙沙"声。

1973年8月10日，鄂木斯克省的格卢沙科夫看到漆黑的夜空中突然闪出一道白色的电光，照得四周亮如白昼。在流星飞行的15～18秒钟期间，一直可以听到嘈杂的响声，好像一只巨大的鸷鹰从高空中猛扑下来一样。

1938年8月6日，飞行员卡谢耶夫在鄂木斯克省上空看到一颗明亮的橙黄色流星，它飞到半途中时，传来了刺耳的"吱吱嘎嘎"的响声，好像一个缺油的车轴在旋转。有趣的是，著名的通古斯陨星和锡霍特阿林陨星陨落时，许多目击者都听到了类似群鸟飞行的嘈杂声音和蜂群鼓翅的嗡嗡声。

这些不寻常的声音在被人们听到之前都走过了 50～200 千米的距离，最多的可达到 420 千米，"正常的"声音大约要经过 21 分钟才能传送到人耳。实际上，等不到它们到达我们的耳边，就会在路途衰减乃至消失了。可奇怪的是，在许多情形下，电声流星的"信号"甚至还要早于流星本身而率先出现。目击者们往往都是听到声音之后，循声望去，才看见空中出现了流星。目击者们对流星之声的描述也是形形色色，甚至是千奇百怪：嗡嗡声、沙沙声、啾啾声、辘辘声、刺刺声、淙淙声、沸水声，子弹、炮弹、火箭飞过时的啸声，惊鸟飞起的扑棱声，群鸟飞起的拍翅声，电焊时的噗噗声，火药燃烧时的哧哧声，噼噼啪啪的响声，气流的冲击声，钢板淬火和枯枝折断时的声响……

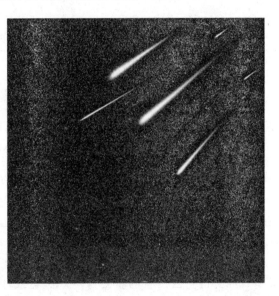

最令人感到难以理解的是，有些人能够听到流星的声音，而另外一些人则什么都没听到。例如，1934 年 2 月 1 日一颗流星飞临德国时，25 个目击者中有 10 个在流星出现的同时听到了啾啾声，其余的人则称流星是"无声"的。还有一则报道说，1950 年 10 月 4 日，在美国密苏里州出现流星时，只有孩子们听到了流星飞过时发出的啸叫声。简直令人不可思议！尽管科学家们都承认电声流星现象是客观存在的不可否认的事实，但其秘密至今没有解开。

有些专家认为，所有这一切谜底就在于流星飞行时所发出的电磁波。这些电磁波以光速传播，有些人的耳朵能够以某种我们目前还不知道的方式把这种电磁振荡转换成声音，转换的方式因人而异，各人听到的声音自然也不相同。可是对另外许多人来说，就完全没有这种"耳福"了。

科学家曾做过一个试验，使用大功率的高频发射机从 300 米外向受试者发射高频电波，结果他们都听到了嗡嗡声、弹指声和敲打声。

但受试者强调说，这些声音仿佛是从"头里面"发出来的，然而电声流星的声音却是有着明确的"外来性"，差不多正常的耳朵都能够感受到。

这表明电磁波假说也有难以自圆其说之处，可见要揭示此奥秘的成因并非易事。

流星之声究竟如何形成的，至今仍是一个谜。

太空中美丽的风景——星云

星云是一种由星际空间的气体和尘埃组成的云雾状天体。它有着多变的形状和庞大的体积，在银河系中，其体积往往可达方圆几十光年，所以，星云虽然看起来轻飘飘的，就像云彩一样，实际上它比太阳还要重得多。

星云的形状

星云的形状千奇百怪：有的星云形状很不规则，呈弥漫状，没有明确的边界，叫弥漫星云；有的星云像一个圆盘或环状，淡淡发光，很像一个大行星，称为行星状星云。

星云的形成

星云实质上是由各种不同性质的天体组成的大杂烩，它主要是由气体和尘埃物质形成。据估计，星云是由恒星爆炸后释放的物质形成的，随着时间的推移，它们也有可能形成新的恒星或恒星团。

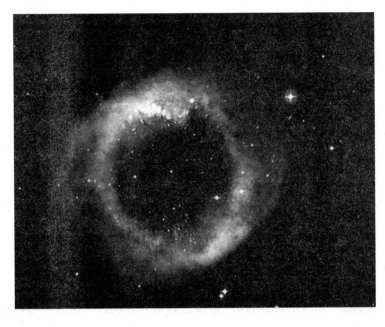

低密度

星云中的物质密度非常低，在一块星云区域里甚至找不到一颗看得见的尘埃，如果拿地球上的标准来衡量，有些地方可以认为就是真空。

星云和恒星的亲缘关系

星云和恒星有着"血缘"关系。恒星抛射出的气体会成为星云的一部分，而星云物质在引力作用下可能收缩成为恒星。在一定条件下，它们是可以互相转化的。

暗星云与亮星云

暗星云属于弥漫星云中的一种，它不发光，但是由于遮蔽了天空背景射来的星光，所以能被人看见。亮星云会发光，它中央有一颗温度很高的恒星，星云吸收恒星光，然后再转换成可见光发射。

绚丽灿烂——猫眼星云

在北斗七星的旁边有一个庞大的星座，它就是天龙座，在这个星座里有许多天体，猫眼星云是这些天体中最出名的一个。

猫眼星云

当人们看到这个星云的时候，觉得它像猫的眼睛，于是就给它取名为猫眼星云。猫眼星云是一个行星状星云，它的编号是 NGC 6543。

复杂的猫眼星云

在猫眼星云里你可以看到由各种物质构成的环、螺旋和像绳结一样扭曲的结构，这些都是星云中心的恒星在抛出物质的时候形成的。

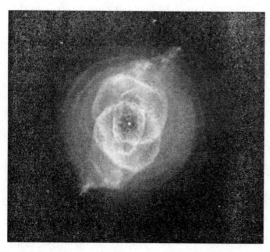

星云中心的恒星

在猫眼星云中心有一个发出白色光芒的恒星，这颗恒星和太阳的质量差不多，不过它已经快要死了，每一秒钟都要损失大约两千万吨的物质。

猫眼星云的物质

和大多数行星状星云一样，猫

眼星云内的物质大多是氢和氦，另外还有碳、氮、氧和其他微量元素。不过猫眼星云内含有的重元素数量要比太阳多一些。

猫眼星云的发现

在 1786 年 2 月 15 日的夜晚，著名的天文学家威廉·赫歇尔在观测星空的时候，无意间发现了这个星云，不过直到大约一个世纪以后，科学家才开始仔细研究这个星云。

宇宙彩蝶——蝴蝶星云

在蛇夫座区域内，与地球距离 2100 光年的地方，有一个美丽的星云，因为形状像是一只飞舞的蝴蝶而被称为蝴蝶星云。

蝴蝶星云的大翅膀

蝴蝶星云最引人注意的就是它那一对大翅膀，这对翅膀的长度有 0.16 光年，也就是说，它比我们的太阳系还要大。

蝴蝶星云中的物质

虽然蝴蝶星云的形状很古怪，但是组成它的物质却是非常常见的氢、氦、氧和碳等元素，这些元素分布在不同区域，因此星云的不同区域也发出不同颜色的光。

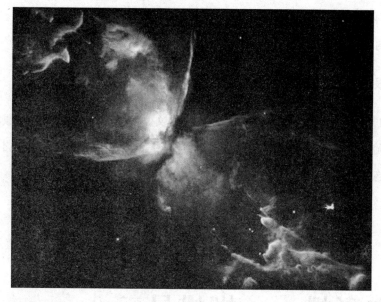

喷发的物质

在蝴蝶星云中心有一个正在死亡的恒星，它的温度很高，不断地向外抛出物质。但是同样是抛出物质，为什么蝴蝶星云的外形会这么特殊呢？

另外一颗伴星

一些科学家猜测蝴蝶星云中心恒星有一颗伴星，这颗伴星围绕蝴蝶星云转动，把中心恒星的物质吸引出来，又抛撒出去，于是就形成了像翅膀一样的物质云。

绚丽的色彩

通过特殊天文观测仪器，我们看到蝴蝶星云具有绚丽的色彩，这些颜色的光是从星云物质中来的，比如氢元素会发出绿色的光，氧元素会发出蓝色的光……

容易辨识——猎户座大星云

猎户座是星空中最容易辨认的星座，因为它含有许多明亮的星星，在猎户座腰带三星最左边一颗星的左下有一个比较暗的星星，它非常特别。

新的发现

在古代，人们一直认为猎户座大星云是一颗星星，直到望远镜出现以后，才发现它是一个星云，其中最亮的一个星云编号是 M42，现在它就是猎户座大星云的一部分。

庞大的猎户座大星云

猎户座星云看起来十分庞大，在星云的附近有许多恒星组成一个星团，从M42 一直延伸到猎户座腰带处，不过我们用肉眼看不到它们之间相连的部分。猎户座大星云是仅有的几个能被肉眼看见的星云。

壮观的猎户座星云

猎户座星云距离我们很近，只有大约 1500 光年的距离，所以现在我们可以把这个星云看得十分清楚。在许多照片上，猎户座星云看起来都十分壮观。

马头星云

在猎户座大星云里有一块暗淡的区域，这个区域就像是马的头部，因此被叫做马头星云，这里其实是一团寒冷的尘埃云。

猎户座大星云内的恒星

在猎户座大星云里也有许多新生恒星，大部分恒星都形成于 200 万~300 万年前，这些恒星的质量都和太阳差不多。因为离我们近，所以这些恒星成为人类最好的研究目标。

壮观的陨石雨

在晴朗的夏天晚上，经常可以看见美丽的流星划过天空，有时候，一大片流星会连续不断地划空坠落，就形成了流星雨。流星或流星雨都是些天体小块从地球外部闯进了地球大气，因与大气摩擦燃烧而发光。有没烧完的流星就落到了地面上，这便是陨石。如果有许多块落到地上，就称为陨石雨。

据《竹书纪年》记载："帝禹后氏八年雨金于夏邑。"这是公元前 2133 年降落在今河南省的一场铁陨石雨，是人类历史上最早的一次陨石雨记录。以后记录不断，总数有二三百条之多，对于流星雨描述得非常生动而形象，常用"星陨如雨""众星交流如织""流星如织"等加以形容。有些记录很全面，很完整，包括时间、流向、个数、在天空中的位置，有时还记录了颜色和响声。这些记录对于研究我国古代陨石雨的情况都很可贵，它们描写得非常形象、准确。例如沈括曾在他的名著《梦溪笔谈》中记载了陨石陨落的全部过程，从摩

擦生热发光、光球的大小、爆炸声、陨石飞行的方向、余热、陨石的形状、大小、陨石坑，直到陨石的性质和收藏经过等都讲到了。中国古人在记录流星雨和陨石的同时，还对它们的来源进行了探索，提出了基本上正确的看法。早在春秋时期我国人民就认为，陨石是天上的星陨落而来的。明末著名科学家宋应星也说"星坠为石"。

　　流星雨和陨石的记录在探索宇宙秘密方面很重要。陨石是从地球外面飞来的实物标本。对流星雨和陨石的研究，对认识天体的起源和演化、彗星的轨道、天体的化学成分等都有重要价值。我国古代人民对此作出了杰出的贡献。

　　流星雨是被称为流星群的、沿同一轨道绕太阳运行的大群流星体，在地球公转轨道上与地球相遇时出现的天相。流星雨出现之际，流星出现的频率为每小时几千颗到几万颗。这种天象虽然有周期性，但是规模巨大的流星雨却少见。规模巨大的流星雨极为壮观。流星雨犹如自然界为人

们施放的焰火。由于流星雨出现的天区的不确定性以及流星出现的瞬时性，所以某些天文台不安排流星的常规巡天观察。

大量的观测表明，每年从天球上的某一点及所谓流星群的辐射点发出的流星雨可出现许多次。当围绕太阳运行的流星群经过地球附近之际，由于受地球引力的振动，大量的流星体改变其轨道向地球靠近并且进入地球高层大气，就会出现流星雨现象。流星的光主要集中在其本体的周围。亮的流星尤其是火流星，在其本体之后，沿着流星经过的路径，可以看到比其头部暗弱的光，这种光被称为流星的余迹。火流星余迹的持续时间为几秒钟，有的可达几分钟。

第二章

浩渺的银河

银色天河——银河系

自古以来，人们就能在夏季的星空中看到一条银色的带子贯穿整个天空，就像一条银色的河流，于是就称之为银河。到了近代，天文学家观测发现了银河的许多秘密，于是银河有了新的名字——银河系。

银河系的发现

虽然银河系可以直接用肉眼看见，但是人类却花了很长时间才认识它。在望远镜被发明以后，天文学家利用天文望远镜，发现银河是由数不清的星星组成的。

银河系的形状

在地球上看，银河系就像挂在天上的一条长长的河。银河系的中心天体密集，因此鼓了起来，而边缘的星体和物质很少，因此是扁的。

银河系的结构

银河系是一个巨型旋涡星系，它由银心、银晕和银盘构成。由银心向外扩展出四条巨大的螺旋状臂膀，它们环绕着银心，组成了银盘部分；银晕由年轻的恒星组成，它紧紧地包围着银盘。

银心之谜

银河系的中心聚集着大量的物质，而且现代的射电望远镜也能探测到来自银心的很强的电磁辐射，一些科学家推测：这里可能有一个巨大的黑洞。

银河系的居民

银河系就像一个国家，由许多不同大小的区域组成。这些区域是由恒星、行星、卫星、彗星、流星体，还有其他的一些宇宙物质组成的。

银河是从哪儿来的

现在，我们已经知道银河系在整个宇宙里是一个很普通的星系，是宇宙中间的一个"星岛"。那么，银河系是孤零零的吗？它是不是更复杂呢？实际上在观测银河系的时候，我们发现银河系的周围还有一些别的星系。如果这样的

话，我们银河系的势力范围到底有多大呢？或者说银河系的引力范围有多大呢？科学家证实是在 89 万~100 万光年。银河系这个旋涡星系还有很多伴侣，它们共同构成了这么一个庞大的恒星集团。银河系的引力范围如此之大，可能会导致将来发生一些变化，这些伴侣会在银河系强大的引力下，逐渐地向银河系靠拢。例如麦哲伦云，就以每年 1000 千米的速度向银河系靠近。也许在几十亿年以后，麦哲伦星云会和银河系相撞。

如果我们能够观测到银河系，就能够分析出银河系是什么结构。在银河系里有一个太阳，而在太阳周围有一颗行星叫做地球，这个地球上有高级智慧生命，就是我们人类自己。我们能够观测星空，我们不但能解开银河系之谜，而且可以认识到银河系以外还有哪些星系跟我们银河系是有关系的。那么，在银河系里还有没有跟我们地球人一样的高级智慧生命存在呢？在银河系以外其他

的旋涡星系中，有没有智慧生命存在呢？它们之间有没有可能进行交流呢？这是大家非常关心的问题。首先我们说，在太阳系中地球这么一个特殊的环境里，能够形成人类这种高级智慧生命，其实是很不容易的。如果按照康德的那种哲

学的推理方式来推理的话，你可以这么想：太阳在银河系里是很普通的一颗星，它就是一个中等大小的黄色的星，这样的星在银河系里很多，既然在太阳周围有智慧生命，那么在那些温度不高也不低的恒星周围也有可能有智慧生命。这是顺理成章的一件事情。但是当你真正把地球上的生命跟其他行星对比的时候，就不会那么简单了，并不是说任何一个类似太阳的恒星周围就一定会有智慧生命。所以银河系里尽管有很多跟太阳相同的星，但并不能说这些星周围就一定会有智慧生命。

那么银河系是怎么生成的？应该说是在宇宙大爆炸过程中产生的。当然关于这个产生过程，仍然是科学研究里一个非常热门的话题，因为现在并没有解决星系是如何形成的这个问题。但至少我们可以这么说：在宇宙大爆炸以后，在宇宙中间已经形成了原子，出现了核，由于核的质量的一些不稳定性，庞大的物质聚集在一起，逐渐地形成了一个星系。我们现在已经观测到了一些宇宙中不均匀性的信息。这种不均匀的东西，会导致早期的宇宙出现不稳定性，会导致星系的产生。如今，我们自己在银河系里研究银河系，也努力认识其他的星系，通过这样一些星系解开宇宙之谜——宇宙到底是怎么形成的？它会向哪个方向去？要想解决这个最大的问题，首先得踏踏实实地把我们的银河系认识清楚。

银河也会运动吗

我们知道，太阳在银河系里有运动。那么银河本身有没有运动呢？我们需要靠观测事实来说话。当我们观测恒星的时候，会有一些新的发现。我们观测了很多星的运动，其中在天空横的方向上的运动叫做自行。还有一种运动，是在我们视线方向上的运动。比如：一辆汽车与观测者的视线方向是一致的，就很难估计它的距离和速度，也就是汽车迎面而来，或者背向而去的时候，看不出它走得多快。但是向着我们视线方向的运行也有办法来观测。什么办法呢？常常在外旅行的人有这样一个经验，坐火车的时候，如果前方有一列火车迎面而来，这列火车的声音就会越来越尖锐。当两列火车互相离开的时候，声音就会越来越钝。也就是说，运动的两列火车发出声音的频率会有变化。

同样的道理，在观测一颗恒星的光的时候，我们把光分解成光谱。在观测光谱的时候我们发现，谱线会有一种运动，谱线的运动就会表示出光的频率的

变化。当一颗星接近我们的时候，谱线会发蓝颜色的光，向更蓝方向走一点；当它背向我们去的时候，谱线向红的方向走一点。这种速度我们叫做视向速度。经过了很多年天体运行速度的各种分析以后，我们发现其实银河系是在转动的。在太阳附近，银河系转动的速度达到每秒220千米，这是一个很快的速度。大家想一想，我们发射一个人造卫星，只要每秒8千米的速度它

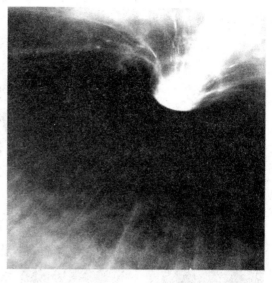

就可以围着地球转了。但是太阳在银河系这一部分的旋转速度竟达每秒220千米。地球围着太阳转，金星、火星、木星、土星都在围着太阳转。在描述行星围绕太阳运动的时候，有一个规律，叫作开普勒定律。符合开普勒定律的一种运行方式是随着距离的不同速度也不同。但是银河系自身的旋转，既不是一个刚体的运行，铁板一块，又不像太阳系里行星围绕太阳的旋转形式，而是在不同的地方运动的速度不一样，为什么呢？太阳系的天体在运行的时候，围绕的中心是太阳。太阳离银河系的核心还有2.7万光年，在这2.7万光年的距离内还有很多的星，这些星的质量都会汇聚到银河系中心来计算。而这些星是不断运动的，所以银河系核心部分的质量在不断地变化。它们之间的速度互相制约，比较复杂。即银河系是由恒星构成的一个庞大的集团，它至少有一千亿颗星，它还在不断地旋转，而这种旋转随着距离银河系核心部分远近的不一样，旋转的速度也不一样。以上证明了银河系在旋转，银河系本身是一个旋涡星系，它有很多旋臂，旋臂非常有意思，是银河系里恒星的诞生场所。

银河系的核心在哪儿

银河系的核心还是比较大的。我们想要观察银河系核心，不妨在夏天沿着人马座方向看。夏天，看南方天空就可以找到人马座。哪个地方非常亮，就表示哪个地方是银河系的中心。银河系中心应该有一个比较大的黑洞，为什么呢？黑洞本身的质量非常大，引力也非常大，它可以把外面的物质吸进去，且只进不出。因此银河系中心，应该有这么一个庞大的黑洞来维持银河系庞大的引力。那么有什么证据来证明银河系核心有黑洞，而且是一个比较大的黑洞呢？在银河系的核心部分，我们可以观测到强烈的 X 射线辐射，而且红外辐射也特别强。因为，当物质高速旋转接近黑洞，被黑洞吞掉的时候，由于运动的速度非常高，就会辐射 X 射线。所以人们设想，银河系的核心应该也有一个黑洞。

弯曲的银河系

银河系是一个巨大的、由数千亿颗恒星组成的星系。它的中心部分凸出，像一个很亮的圆盘，直径约为2万光年，厚1万光年，平均宽度约为20光年。这个区域由高密度的恒星组成，银河晕轮弥散在银盘周围的一个球形区域内，银晕直径约为9.8万光年，这里恒星的密度很低，分布着一些由老年恒星组成的球状星团。在银河中还可以看到许多暗带，是大量的星际介质和暗星云。

早在半个世纪前，科学家就已经发现了银河系"弯曲"的特性，但是始终未能弄清楚银河系弯曲的原因。

一个由意大利和英国天文学家联合组成的国际小组在分析银河系复杂的构造时，追溯到了银河系外层星盘状形成的起源，并且对于银河系星盘的弯曲情况提供了确凿的证据，这一弯曲度比人们原来想象的至少要多出70%。通过近红外线2MASS观察，科学家们对银河系星盘结构，特别是其中的弯曲部分进行

了重新构造。通过观察发现，这种弯曲是由银河系星盘在第一、第二银河经度象限时向上凸翘引起的。

科学家观察发现，银河系弯曲区域面积广阔，方圆约有2万光年。1光年为10万亿千米，代表一束光一年内在真空里传播的距离。而分布在银河系中的氢气层形状弯曲尤为明显。

为判定银河系变形原因，科学家对弯曲区域的氢气流情况加以研究。结果又让他们吃了一惊。他们发现，银河系不但弯曲变形，而且还以三种模式颤动，一种模式是像一只碗，银道面弯成一圈，另一种像一具马鞍，第三种像一顶浅顶软呢帽的边缘，背面是弯曲的，正面是垂直向下的，就像"鼓面振动"。

科学家将银河出现异象的外因归咎于银河系"邻居"——大小麦哲伦星云。麦哲伦星云环绕银河系运行，运行一周时间为15亿年。

银河系被大量暗物质所环绕，当大小麦哲伦星云环绕银河系运行时，引起暗物质激荡，导致银河系变形。暗物质无法为人类肉眼所见，但宇宙空间的90%都由其组成。

科学家根据研究成果制作了一个银河系"变形"的电脑模型。模型显示，当麦哲伦星云沿轨道环绕银河系运行时，由于暗物质受激运动，银河系发生弯曲。

过去科学家从质量角度认为，麦哲伦星云质量并不大，只有银河系的2%，这样小的质量不足以影响银河系形态。因此，麦哲伦星云因为质量较小曾一度被排除在嫌疑之外，科学家认为幕后一定有一个拥有2000亿个恒星的大星系影响银河系的形态。

科学家认为，电脑模型揭示了暗物质的重要作用。银河系的暗物质尽管无法为肉眼所见，其质量却将近20倍于银河系其他可见物质。当麦哲伦星云穿过暗物质时，暗物质运动使星云对银河系的引力影响进一步扩大，就像"船只行驶过洋面"，引起威力强大的波浪，足以使整个银河系弯曲并振动不已。

持反对意见的人则认为，银河系发生形变可能与自身的运动轨迹、能量变化有关。

究竟是什么原因导致银河系出现变形呢？迄今为止，还是一个谜。

银河系里的蛇状闪电

闪电是地球上常见的一种很普通的自然现象。其实，不仅仅是地球上会出现闪电，银河系中也存在着持续了几百万年的巨型蛇状闪电。

闪电是一种自然现象，暴风云通常产生电荷，底层为阴电，顶层为阳电，而且还在地面产生阳电荷，如影随形地跟着云移动。阳电荷和阴电荷彼此相吸，但空气却不是良好的传导体。阳电奔向树木、山丘、高大建筑物的顶端甚至人体之上，企图和带有阴电的云层相遇；阴电荷枝状的触角则向下伸展，越向下伸越接近地面。最后阴阳电荷终于克服空气的障碍而连接上。巨大的电流沿着一条传导气道从地面直向云层涌去，产生出一道明亮夺目的闪光。一道闪电的长度可能只有数百米，但最长也可达数千米。

闪电的温度从1.7万~2.8万℃不等，也就是等于太阳表面温度的3~5倍。

闪电的极度高热使沿途空气剧烈膨胀。空气移动迅速，因此形成波浪并发出声音。闪电距离近，听到的就是尖锐的爆裂声；如果距离远，听到的则是隆隆声。在看见闪电之后如果开动秒表，听到雷声后即把它按停，然后以3来除，根据所得的秒数，即可大致知道闪电离你有几千米远。

大多数的闪电都是连接两次的，第一次叫前导闪接，这是一股看不见的空气叫前导，一直下到接近地面的地方。这一股带电的空气就像一条电线，为第二次电流建立一条导路。在前导接近地面的一刹那，一道回接电流就沿着这条导路跳上来，这次回接产生的闪光就是我们通常所能看到的闪电了。

长期以来，人们的心目中只有蓝白色闪电，这是空中的大气放电的自然现象。其实除了蓝白色闪电外还有黑色闪电、干闪电、海底闪电、高速闪电、银河系巨型蛇状闪电等多种形态。

银河系巨型蛇状闪电是怎样形成的呢？它和普通闪电又有什么不同呢？

银河系这道巨大的蛇状闪电是天文学家在1992年发现的，它位于人马座，长达150光年，宽2~3光年，并且在不断摆动。科学家估计它已持续了几百万年的时间。

天文学家研究发现，银河系中心巨大蛇状闪电是由于导电分子云与银河系中心的磁场相互作用形成的。由于带电粒子不断生成和消失，因而这一闪电是摆动的。

天文学家在银河系中心还发现了 22 条类似的闪电，但长度均没有这一条长。

巨大蛇状闪电是目前在银河系中发现的唯一打两个结的闪电，科学家猜测，打结的地方是因为磁场很强，迫使闪电改变了形状，同时也使打结的地方辐射出的电磁波大大加强。但是，迄今为止，仍没有发现相应证据加以佐证。

银河系里的大碰撞

21 世纪科学家的计算表明，宇宙大碰撞的时间要比预先计算的提前。

如果银河系将提前发生大碰撞，人类将会怎样呢？

天文学家已经发现银河系正在与它的邻居仙女螺旋星系相互靠近，而最新计算发现它们的碰撞时间要比预先计算的要更早，它们的首次碰撞将提前到 20 亿年后。

碰撞发生时我们的太阳和我们的地球会怎样呢？

美国哈佛－史密森天体物理中心计算显示，太阳和地球等行星将有可能飞出银河系进入仙女座的外缘。而且，这种碰撞将发生在太阳系"死亡"之前。

计算机模拟显示，银河系和仙女座的首次碰撞将发生在不到 20

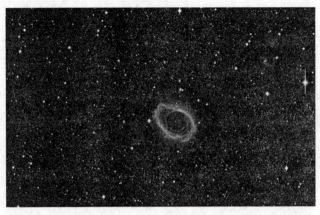

亿年后，比原来计算的时间早了数十亿年。人类在地球上可以看到夜空中的巨大变化，仙女座的巨大引力将星球拉离原来的轨道，原来狭长的银河系将被拉扯得一片混乱。

那个时候，太阳仍然是一颗燃烧氢的主序星，它将变得更加明亮和灼热，足以将地球上的海水煮沸。

大约50亿年后，仙女座和银河系将完全合并成一个球形的椭圆星系。那时候太阳已经接近红巨星阶段，生命也已经走到了尽头。包括地球在内的几大行星，那时距离新星系中心的距离大约是10万光年，大约是现在距离的4倍。

那时候人类可能仍然存在，他们将看到一个与现在完全不同的天空景象——狭长的银河系将会消失，取而代之的是一个由数十亿颗星球组成的巨大隆起。

也许，未来的科学家可能会回想起这次预测的。

无边无际的银河系

夏夜的晴空，银河高悬，像一条天上的河流，故此有"天河""河汉"之称。西方人称它为"牛奶路"。在中国境内，可以看到银河自天蝎座起，经人马座特别明亮的部分，到盾牌座而止。

银河那烟霭茫茫的景象引起诗人无穷的遐想，但是天文学家却一直渴望一睹其庐山真面目。17世纪，伽利略首先用望远镜观察银河。他发现，这是一个恒星密集的区域。后来英国人赖特提出了银河系的猜想，并具体描绘出了银河系的形状。他假定，银河系像个"透镜"，连同太阳系在内的众星则位于其中。

18世纪，英国天文学家赫歇尔父子对赖特的猜想进行了验证。他们发现银河系中心处恒星很多，而离中心越远恒星越少。他们的观测表明，银河系确是一个恒星体系，并且其范围是有限的，太阳靠近银河系中心。他们估计，银河

系中有 3 亿颗恒星，其直径为 8000 光年，厚 1500 光年。

荷兰天文学家卡普亭的观测进一步证实了赫歇尔父子关于银河系形状的观测结果。1906 年，他估计银河系直径为 2.3 万光年、厚 6000 光年；1920 年，他测算的银河系直径为 5.5 万光年，厚 1.1 万光年。这一结果比赫歇尔父子的测算结果大了 400 倍。

1915 年，美国天文学家卡普利研究了许多球状星团的变星，发现太阳并不在银河系中心，而距那里约 5 万光年，并朝向人马座，银河系直径有 30 万光年。光年 20 世纪 80 年代，人们测得的银河系数据是，质量相当于 2000 亿个太阳的质量，直径为 10 万光年，厚 2000 光年，太阳距银河系中心 2.5 万光年。

2015 年科学家发现，真实的银河系比之前预想大 50%。

2017 年中国天文学家说，银河系比之前通常认为的宽近 26%。

银河中的美丽旋涡

20 世纪 30 年代，人们开始破解银河系旋涡状结构之谜。到了 20 世纪 40 年代，荷兰科学家赫尔斯特认为冷氢能发出一种射电辐射。可惜当时荷兰被德国占领，科研工作陷于停顿，赫尔斯特没能对这一问题做进一步的研究。到 1951 年，探测这种辐射的工作由美国天文学家尤恩和珀塞尔完成。

这项探测工作非常重要，科学家们在测定氢云的分布和运动的基础上，发现了银河系的螺旋结构，又进而发现许多河外星系也是螺旋结构。

到现在为止，人们已发现银河系有四条对称的旋臂，其中的三条是靠近银心方向的人马座主旋臂、猎户座旋臂和英仙座旋臂。太阳就位于猎户座旋臂的内侧。20世纪70年代，人们通过探测银河系一氧化碳分子的分布，又发现了第四条旋臂，它跨越狐狸座和天鹅座。1916年，两位法国天文学家绘制出这四条旋臂在银河系中的位置，这是迄今最好的银河系旋涡结构图。

为什么银河系会存在旋涡结构呢？通常的观点认为是由于银河系的自转。20世纪20年代，荷兰天文学家奥尔特证明，恒星围绕银心旋转就像行星围绕太阳旋转一样，并且距银心近的恒星运动得快，距银心远的运动得慢。他算出太阳绕银心的公转速度为每秒220千米，绕银心一周要花25亿年。

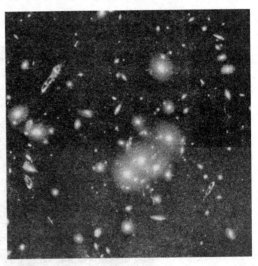

不过，也有持不同观点者。1982年，美国天文学家贾纳斯和艾德勒发现，银河系并没有旋涡结构，而只是一小段一小段的零散旋臂，旋涡只是一种"幻影"。

银河系究竟有没有旋涡结构？是大尺度连续的双臂或四臂结构，还是零散的局部旋臂？这还都需要我们去探索和研究。

银河系里的黑洞

浩瀚苍穹中，黑洞好似一个吞噬一切的无底洞，任何物质一旦掉进去，就再也无法逃脱。它虽然是隐形的，吸引力却无穷，就连光线也不放过。近来，有科学家称，银河系中心有巨大黑洞。它会不会将我们也吞噬了呢？

银河黑洞曾经是一个很有争论性的议题。天文学家通过使用欧洲南天巴拉那天文台的一部极大望远镜，以及一部简称为 NACO 的高性能红外相机进行观测，发现我们银河系的中心藏着一个质量超过 200 万个太阳的黑洞。

观测过程中，天文学家耐心地追踪一颗编号为 S2 的恒星的运动。这颗恒星距离银河中心大约只有 17 光年，或者说是冥王星轨道半径的 3 倍距离，以 5000 千米/秒的速度绕银河中心公转。结果证明，恒星 S2 是在一个不可见天体强大的重力作用下运动的，而这个天体极端细小且致密，换句话说是一个超大质量的黑洞。

天文学家观察发现，宇宙爆炸产生的一个黑洞目前正在以比其周围的星球高出 4 倍的速度穿过银河系，这也同时证明了黑洞的确是超新星爆炸后产生的后代。该黑洞至少距离地球有 6000 光年，目前的大致方向是朝着地球飞来，但近期不会对地球构成威胁。因此，未来人类有望更近距离地接触黑洞，这将成为对爱因斯坦广义相对论的一个检验。

这是人类发现的第一个在银河系内部快速飞行的黑洞。一颗人类可以观测到的星球每 2.6 天绕黑洞飞行一周，黑洞从这颗星球中汲取养料。

根据黑洞理论，黑洞是由大质量的恒星坍缩形成的。此时原来构成恒星的物质集中于一"点"，其密度趋向无限大，以至于光都无法逃脱它的引力。因此从外界看，这种天体是全黑的。由于黑洞的这一特点，使得天文学家寻找黑洞的工作变得十分困难，天文学家只能根据黑洞能够剧烈地"吞噬"它附近的天体这一性质确定其存在。

通常黑洞有三种类型，一种是位于星系中央的"超级黑洞"，另一种是恒星级的黑洞，其质量有数十个太阳那么大，还有是介于两者中间的"中等质量黑洞"。那些规模较大的黑洞主要形成于大型的星系中间，这次发现恒星黑洞大多是在大型星球爆炸时产生的。星球爆炸时大多数物质会被炸飞，但如果留下的物质足够大，是太阳的 3 ~ 15 倍，那么它们就会形成黑洞。

天文学家在研究距离太阳系 2.6 万光年的人马座 α 星时发现，其发出的射电波信号虽然能穿透尘埃，却要受到星际等离子体介质的散射影响。为此，天文学家连续守候 20 个月等待最佳天气条件，决心一举揭开其神秘面纱。这个隐藏在宇宙中的"暗物质"至少 40 万倍于太阳的质量，而直径却仅与地球轨道半径相当，运动速度更是只有 8 千米/秒，完全符合"超级黑洞"的特征。因为 NACO 相机能够追踪非常靠近银河中心的恒星，所以它能很精确地定出中心黑洞的质量。除此之外，随着天文学家继续观测恒星如何绕着超大质量的黑洞运行，也可以提供爱因斯坦广义相对论的严格检验。

天文学家第一次看到距离黑洞中心如此近的区域，对人马座 α 星周围的恒

星轨道运动研究显示，这一区域的质量甚至相当于约 400 万个太阳。而且，这一区域的引力都非常强大，根本不可能有恒星存在。通过分析这些恒星团的特点，天文学家们指出，在它们的中心区域同样也存在着一个黑洞，但其尺寸要小得多。

天文学家认为，大型黑洞可能是通过自身强大的引力将恒星团"拽"到了自己的附近。不过，天文学家们同时也指出，要证明这一理论，以目前的科学水平几乎是不可能的。现在唯一可以明确的是，新发现的恒星团与可能导致被黑洞吞噬的"危险区域"之间仍有相当的距离。

科学家们认为，位于这一潜在黑洞附近的恒星团具有非常高的运行速度，使得其可以避免距离黑洞过近。据测算，恒星团的运动速度大约为 850 千米/秒。

相信随着科技的发展，银河系中心黑洞的奥秘会逐步被揭开。

银河里的兄弟姐妹

根据科学家对太阳附近其他恒星所发出光线的最新一项研究显示，虽然以人类目前的技术还不能发现它们，但在我们的星系中的确存在着几十亿颗类似地球的行星。

加拿大天体物理学院的诺曼·穆雷博士称他所研究的恒星中，有一多半都包含一种坚硬的富含铁质的物质。根据这一现象，科学家们完全有理由认为这些恒星周围一定有一些物质在环绕着它们运转，而这些物质的大小可能和地球差不多。科学家们正使用一切技术对太空中的星体进行观测，目前为止除了太阳系以外，在其他恒星周围发现的行星只有 55 个，而这 55 个行星中绝大多数都是体积非常庞大而且运行轨迹不同寻常的星体。天文学家认为要想发现地球般大小的行星必须使用新的技术和新一代的望远镜。但一种间接的统计方法可

以表明在我们的星系中实际上存在着很多较小的行星。

穆雷博士对 450 多颗和太阳一样进入中年的恒星进行了观测，其中有 20 颗已经进入了老年期。所有这些恒星与地球间的距离都在 325 光年以内，对它们进行分析后发现，在很多恒星光球中，或是它们的"表面"含有很多铁质。根据科学家们对太阳系的研究可以得出以下结论，这些铁质很有可能是由那些围绕该恒星运转的小行星在运转过程中受到重力影响而脱落的。

穆雷博士强调说现在还没有直接证据证明这些恒星周围就存在着地球大小的行星，但根据模拟测试，如果在一个星系中存在足够的陆地物质的话，最终肯定会形成地球般大小的行星。

恒星"大爆炸"后宇宙经历了什么事情

一颗在银河系发现的原始恒星可以为苦苦追问的天文学家提供线索，它的年龄约为132亿年，几乎与宇宙同龄。

一个国际研究小组利用世界上分辨率最高的欧洲南方天文台的 VLT 望远镜捕获了这颗遥远的恒星，并将其编号为 HE 1523。从它的年龄上看，应该是诞生于银河系的初始阶段，那时银河系最终的螺旋形状还未形成，而年龄仅为 46 亿年的太阳系更是远未出现。

就像其他的原始恒星一样，HE 1523 中仅包含少数几种比氢和氦质量重的化学元素，其中就有两种放射性金属元素——钍和铀，其半衰期分别为 140 亿年和 47 亿年。科学家通过分析望远镜收集到的光谱数据确定了钍和铀的精确含量，并进一步推算出了 HE 1523 的年龄。这种技术与考古使用的放射性碳年代测定法类似，只不过天文学家需要测定的时间跨度更大。

在 HE 1523 上的钍和铀可能来自于另一颗演化到超新星爆发阶段、走向衰亡的更古老的恒星。被天文学家普遍认可的宇宙的年龄为 100 亿 ~ 150 亿年，这颗恒星的发现有助于了解宇宙形成早期的历史信息。

虽然科学家能借助设在南半球的一个望远镜看到 HE 1523，但还不能确定它的距离究竟有多远。根据光谱分析，作为一颗恒星，它已经步入老年，成为一颗中心向内收缩、外壳却朝外膨胀的红巨星。

尽管 HE 1523 目前暂时获得了"最古老恒星"的称号，不过科学家认为还有很多资格更老的恒星没有被发现。科学家认为，经过对它化学成分的测定，这颗恒星具备了某些原始的金属特性，但有些恒星比它的特性更原始。

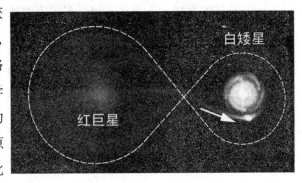

根据宇宙理论，大爆炸发生后几亿年中，宇宙中基本上是均匀分布的氢和氦，以铁为代表的重元素都是在恒星内部的核聚变反应中形成的，第一代恒星里的重元素很少。第一代恒星死亡后，新生的恒星会从其遗骸中继承一些重元素，因而重元素含量更多。

科学家认为，宇宙"第一世代星"形成于"大爆炸"后的 3000 万 ~ 1.5 亿年，它们都是异常耀眼的庞然大物，质量至少是太阳的 200 倍。不过，它们燃烧非常迅速，只存在了几亿年就逐渐形成了黑洞或者爆炸成为超新星。

科学家又发现位于长蛇座方向的一颗恒星，该恒星距离地球为 1500~4000 光年，接近太阳系，亮度等级为 13.5 级，表面温度比太阳高，为 61 807 ℃。从表面温度等可以推测出它的质量约为太阳的 70%。

研究人员通过频谱分析，测出了该恒星中各元素的含量。结果发现，其中

铁的含量只有太阳的二十五万分之一，比迄今为止重元素含量最少的恒星还要低40%。宇宙在大爆炸后开始膨胀，最初诞生的所谓"第一世代星"只含有氢、氦等轻元素，而没有以铁为代表的重元素。因此含重元素非常少的恒星，一般被认为是在宇宙初期形成的。

据研究人员测算，该星已有130多亿岁，估计是"第一世代星"中残存下来的质量较小的一颗，或者也可能是"第一世代星"爆发后生成的"第二世代星"。

随着科技的发展，人类会发现更多宇宙的奥秘。

第三章

璀璨的星球

彗星从哪儿来

彗星是宇宙天体中的"流浪汉"，它不是每年每天都能见到的天体，彗星分周期彗星和非周期彗星两种，即使是周期彗星的周期也不一定，有的几年回归一次，有的几十年回归一次，有的上百年或上千年回归一次。还有的非周期彗星是一去不复返。

周期彗星的运行轨迹多是椭圆形和抛物线状；而非周期彗星的轨迹是开放型和双曲线状。这种运行轨道是受天体间万有引力作用所致。在行星的摄动下，有的周期彗星变为非周期彗星；反之，有的非周期彗星也可变为周期彗星。

如果彗星的寿命真的十分短暂，而且它们的命运只能是四分五裂，形成大量的宇宙尘埃而最终步入消亡，那为什么直至今日，仍有大量的彗星遨游于天际呢？为什么在太阳系形成至今的46亿年的漫长岁月里，彗星仍未消失殆尽呢？

上述问题的答案只可能有两个：其一，彗星形成的速度与其消亡的速度是同样迅速的；其二，宇宙中的彗星实在太多了，即使在46亿年后的今天仍未全部消失。

不过第一种可能性成立的理由并不充分，因为天文学家们至今也未能发现彗星仍在形成的证据。

看来，我们只能从第二种可能

性入手，丹麦天文学家詹·汉德瑞克·奥特于 1950 年指出，在太阳系形成之时　由于它的中心产生的引力无法充分束缚其最外部大量的宇宙尘埃和气体星云等原始物质，因此这些物质未能形成整个聚合过程中产物的一部分，在这种聚合过程的初期，上述物质仍处于原始位置，并因受到的压迫较轻而形成 1000 亿块左右的冰态物质。这种云系虽然远离行星系，但仍受太阳吸引力的控制，人们称之为"奥特云"。

至今还没人见过这些云系，这仅仅解释了彗星现在存在的原因。

很显然，彗星可能存在于上述云系中，这些彗星以极缓慢而固定的速度绕太阳旋转，其运行周期达数百万年，不过，在某种时候，由于彼此间的碰撞或其他恒星的吸引，彗星的运行将发生改变。

在某些情况下，其公转速度加快，此时，公转轨道半径必将加大，并最终永远脱离太阳系；反之，公转速度也可能减缓，此时，彗星将向太阳系中心靠拢。

在这种情况下，彗星将以一种极为绚丽的形象出现于地球上空，从此它将以新轨迹运行（除非这一轨迹再次因星体间的碰撞而改变）并最终步入消亡。

奥特断定在太阳系存在的岁月里，有 20% 的彗星已经飘荡到太阳系以外或已坠入太阳而消亡了，不过，仍将有 80% 的彗星以其原有的姿态遨游于太空。

彗星起源的第二种假说认为，彗星来自太阳系边缘的彗星带。

这种学说认为太阳系边缘有个彗星带，那里大约有 100 亿颗彗星，它们可能是在 50 亿年前在天王星、海王星和冥王星形成时剩下的物质云形成的，并定期地向太阳系内部飞来。

当它们从大行星附近飞过时，由于行星引力作用，轨道受到摄动，于是轨道变成椭圆形，成了周期彗星。因此，它也就成为太阳系的固定成员了。如哈雷彗星，它就是椭圆形轨道，周期为 76 年，周期性地回归太阳系。

这种说法实际上是"俘获"说。

第三种假说认为，彗星可能来自木星喷发物。

这种假说认为大多数周期彗星的轨道远日点都在离木星轨道不远处，由此可推测彗星很可能是由木星内部向外喷发一些物质而形成的。彗星的化学成分确实也与木星大气成分相近，这一点支持了喷发说。

要想喷发，必须达到 60 千米/秒的速度才可能使喷发物摆脱木星引力而飞向太阳系的轨道。但这一速度对木星上的温度来说又似乎很困难。所以此假说是否站得住脚，还有待更多证据来证实。

还有一种更离奇的学说认为太阳有一颗姐妹星，叫复仇星。

复仇星在绕太阳旋转的轨道上周期性地把致命的彗星释放到地球上，使地球上扬起弥漫持久的尘埃，环境发生剧烈变动，以此使生物从地球上消亡。

每隔 2600 万年复仇星离太阳最近时，引力使彗星从奥特云中飞出，其中一部分便飞到地球大气层来。

至于复仇星的来历，有人认为它与太阳同期形成；有人认为它是后来被太阳俘获的。当它闯入太阳系时，可能挤走了某颗行星，并由于摄动力而引起地球上的一场大浩劫。

至于复仇星是否存在？它是一颗恒星还是一颗行星？还是一颗黑星（黑洞）？人类对此还一无所知，什么也没有观测到。所以关于彗星来源问题，仍处于假说研究证实阶段，最后打开彗星之谜的金钥匙还没有拿到手。

牛郎星和织女星

牛郎织女是我国非常有名的一个民间传说，也是我国人民最早的关于星的故事之一。南北朝时期写成的《荆楚岁时记》里有这么一段："天河之东，有织女，天帝之子也。年年织杼役，织成云锦天衣。天帝怜其独处，许嫁河西牵牛郎。嫁后遂废织纴。天帝怒，责令归河东。唯每年七月七日夜，渡河一会。"

传说天上有颗织女星，还有一颗牵牛星。织女和牵牛情投意合，心心相印。可是，天条律令是不允许男欢女爱、私自相恋的。织女是王母的孙女，王母便将牵牛贬下凡尘了，令织女不停地织云锦以作惩罚。

织女的工作，便是用了一种神奇的丝在织布机上织出层层叠叠的美丽的云彩，随着时间和季节的不同而变幻它们的颜色，这是"天衣"。自从牵牛被贬之后，织女常常以泪洗面，愁眉不展地思念牵牛。她坐在织机旁不停地织着美丽的云锦以期博得王母大发慈悲，让牵牛早日返回天界。

牵牛被贬之后，落生在一个农民家中，取名叫牛郎。后来父母去世，他便跟着哥嫂度日。哥嫂待牛郎非常刻薄，要与他分家，只给了他一头老牛和一辆破车，其他的都被哥哥嫂嫂独占了。

从此，牛郎和老牛相依为命，他们在荒地上开垦，耕田种地，盖造房屋。一两年后，他们营造成一个小小的家。其实，那头老牛原是天上的金牛星。

这一天，老牛突然开口说话了，它对牛郎说："牛郎，今天你去碧莲池，那儿有仙女在洗澡，你把那件红色的仙衣藏起来，穿红仙衣的仙女就会成为你的妻子。"牛郎听了老牛的话，便悄悄躲在碧莲池旁的芦苇里，拿走了红色的仙衣。

穿红色仙衣的正是织女。织女看到牛郎，才知道他便是自己日思夜想的牵牛。织女便做了牛郎的妻子，并与他生儿育女。

王母知道这件事后，勃然大怒，马上派遣天神仙女捉织女回天庭问罪。

天空狂风大作，天兵天将从天而降，押解着织女便飞上了天空。正飞着，织女听到了牛郎呼叫她的声音："织女，等等我！"织女回头一看，只见牛郎用一对箩筐挑着两个儿女，披着牛皮赶来了。慢慢地，牛郎和织女就要相逢了。就在这时，王母驾着祥云赶来，她拔下头上的金簪，往他们中间一划，霎时间，一条天河波涛滚滚横在了织女和牛郎之间，无法横越。

后来，王母终于为牛郎和织女的坚贞爱情所感动，便同意让牛郎和孩子们留在天上，每年七月七日，让他们相会一次。

从此，牛郎和他的儿女就住在了天上，隔着一条天河，和织女遥遥相望。

牛郎织女相会的七月七日，无数成群的喜鹊飞来为他们搭桥。鹊桥之上，牛郎织女团聚了！

神话毕竟是神话，牛郎与织女要在一夜之间相会是不可能的。牛郎星和织女星都是离我们非常遥远的恒星。在天文学上，测量恒星之间的距离，大多用"光年"来计算。光年就是每秒钟走 30 万千米的太阳光在 1 年里所走的距离。牛郎星离我们有 16 光年，织女星离我们有 27 光年，它们都比太阳还要巨大，只因为它们离我们十分遥远，所以看上去只是小小的光点。

恒星的"恒"字，是和行星的"行"字相对而言的。实际上，宇宙中没有一颗星是绝对的"恒"，每颗星都在动，只是动多动少而已。牛郎星每年在天球上移动 0.658 角秒，此外，还以 26 千米/秒（93 600 千米/小时）的速度离开我们往外跑。所以，牛郎星在空中的速度比地上最快的客机还快几十倍。织女星动得慢一点，它每年在天球上移动 0.345 角秒，以 14 千米/秒的速度离开我们往外跑。

牛郎星和织女星都比太阳大得多、亮得多。为什么我们看起来只是两小点的光呢？那是因为这两个恒星比太阳距离我们远得多。牛郎星的光度为太阳的 10.5 倍，直径大 0.7 倍，质量差不多大 0.7 倍。织女星的光度等于太阳的 60 倍，直径等于太阳的 2.76 倍，质量差不多等于太阳的 3 倍。所以，织女星比牛郎星大，比牛郎星亮，比牛郎星重，算来还是牛郎星的大姐姐。牛郎星离我们的距离为 154 万亿千米，比太阳远 100 万倍；织女星离我们的距离为 250 万亿千米，比太阳远 170 万倍。织女星不仅比牛郎星大好些、亮好些，而且还远好些。光从牛郎星来到我们的眼里，需要 16 年 4 个月；光从织女星来到我们的眼里，需要 26 年 5 个月。牛郎和织女两星不是在同一方向，两星之间的距离是 16.4 光年。无线电波的速度和光一样，假使牛郎想打一个无线电话给织女，得等 32 年才有收到回电的可能。

人类在欣赏它们灿烂的光辉的时候，竟幻想出这样一个哀艳动人的故事来。

美丽的水星

在肉眼能看到的五大行星中，水星是最难以捉摸的。因为它离太阳最近且躲藏在强烈的阳光里，使人类难以一睹它的容貌。就连鼎鼎大名的天文学家哥白尼，也因没有看到过水星而遗憾终身。但是在机会碰巧的情况下，水星会从太阳面前经过。这时，人们可以看见在明亮的太阳圆盘背景上出现了一个小圆点，那就是水星，这种现象叫做"水星凌日"。上两次出现的"水星凌日"发生于2006年11月8日和2016年5月9日。

水星凌日时，水星在太阳明亮的背影上呈现一个黑点，仔细观察会看到水星的边缘异常清楚，这说明在水星上是没有大气的。

由于水星离太阳比地球近得多，不到日地距离的一半，所以在水星上看太阳就比地球上看到的大得多，当然也更耀眼。更为奇特的是，因为水星上没有大气，所以可以看到星星和太阳同时在天空中闪耀。

在太阳系的九大行星中，水星获得了几个"最"的纪录：

（1）水星和太阳的平均距离为5790万千米，约为日地距离的0.387倍，是距离太阳最近的行星，到目前为止还没有发现比水星更接近太阳的行星。

（2）水星离太阳最近，所以受到太阳的引力也最大，因此它在轨道上跑得比任何行星都快，轨道速度为48千米/秒，比地球的轨道速度快18千米。这样快的速度，只用15分钟就能环绕地球一周。

（3）水星年是太阳系中最短的。它绕太阳公转1周只有88天，还不到地球上的3个月。在希腊神话中水星被比作脚穿飞鞋、手持魔杖的使者。

（4）水星距离太阳非常近，又没有大气来调节温度，在太阳的烘烤下，向阳面的温度最高可达 430℃，而背阴面的温度则低到 -160℃，真是一个处于火与冰之间的世界！昼夜温差近 600℃，夺得行星表面温差最大的冠军当之无愧。

（5）在太阳系的行星中，水星"年"时间最短，但水星"日"却比别的行星长，在水星上的一天（水星自转一周）将近是地球上的两个月（为 58.65 个地球日）。在水星的一年里，只能看到两次日出和两次日落，那里的"一天半"就是"一年"。

为了揭开水星之谜，美国宇航局在 1973 年 11 月 3 日发射了"水手 10 号"行星探测器，前往探测金星（1974 年 2 月 5 日）和水星（1974 年 3 月 29 日）。"水手 10 号"在日心椭圆轨道上和水星有两次较远距离的相遇，并拍摄了第一批水星表面大量坑穴的照片。从此水星表面的真面目被逐渐地揭开了。

1974 年 3 月，"水手 10 号"行星探测器从相距 20 万千米处拍下了水星的近距离照片，粗略看去很容易和月球照片相混淆，但仔细去看，水星表面的坑穴比月球上的环形山更多更密，经分析证实这些大多是 40 亿年前被陨星撞击形成的。

"水手 10 号"先后拍摄了大约两千多张水星表面的照片，从这些照片能清楚地看到水星表面有大量的坑穴和复杂的地形。在水星上有一个直径 1300 千米的巨大的同心圆构造，这很可能是一个直径有 100 千米的陨星冲撞而形成的，它很像月球背面"东方"盆地的情形。这个同心圆构造位于水星赤道地带，异常酷热，所以用热量单位"卡路里"来命名，叫做卡路里盆地。另外，有的坑穴还有像月球上某些环形山具有的辐射状条纹。这也许是因为小的天体撞击水星时，产生了许多小碎片，向四方飞散而造成的，有的长达 400 千米。水星表面

共有100多个具有放射状条纹的坑穴。

水星的表面还有一个特征，就是到处都可遇到3~4千米高的断崖地形，有的甚至长达几百千米，这些被认为是水星冷却收缩而形成的。当然真正的原因仍在探索与研究中。

水星的赤道半径只有地球的2/5，密度和地球接近，一般认为构成水星的物质比地球重。科学家推断，水星中心有一铁镍组成的核心，大小可能和月球差不多。

水星也有磁场，大约为地球磁场强度的1%，但比火星的磁场要强得多，这是"水手10号"探测水星时所了解到的。谜一般的水星现在已经向我们揭开了它的面纱，进一步的探索还有待于未来。

神秘的"伯利恒星"

当圣诞的歌声响起之时，所有的圣诞树顶都亮起了一颗星，这颗星代表着什么呢？因为圣诞节是庆祝耶稣诞生的，所以这颗星由耶稣的诞生地而命名为"伯利恒星"。长期以来，伯利恒星一直是人们关心的话题。伯利恒星究竟是颗什么样的星呢？自古以来有很多说法。在《马太福音》等宗教书中，伯利恒星是与耶稣一起诞生的，这颗星就是耶稣。然而，科学家则认为，伯利恒星是一种天文现象。

有人认为伯利恒星就是金星。圣诞卡上最有代表性的构图是东方博士骑着骆驼仰望着远方的明星，但是金星每隔不到两年就会出现在相同的位置，古人应该知道这不是特异现象。也有人认为伯利恒星可能是流星，的确流星具备那种转瞬即逝的特性，而且非常明亮，但是，流星最短时仅持续 1 秒，很难想象它是给博士指路而持续可见的伯利恒星。意大利画家乔托所画的"三博士礼拜"的背景，在耶稣诞生的畜棚屋顶上，有一颗拖着红色尾巴的彗星。该画绘于 1305 年左右，在之前的 1302 年，哈雷彗星曾出现过。乔托画的星可能源自对哈雷彗星的记忆。以行星运动律闻名的开普勒曾认为是超新星的出现造就了伯利恒星，超新星、新星是星球发生大爆炸而突然发亮的现象。当时的天文学家认为，超新星大约以 300 年为周期增光一次，按此计算，耶稣诞生应适逢超新星增光期。

但是根据现代天文学研究，超新星并不会增光。开普勒的伯利恒星是超新星之说也就站不住脚了。之后，又有人提出，伯利恒星是双星，即木星和土星的会合。会合指的是天体于南北方向接近并列。这种并列在一年之内连续发生 3 次，称"三连会合"。这种会合 59 年才

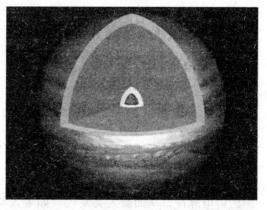

发生一次，而且离地球最近，会合时看起来很亮，且相当明显。开普勒自 1603 年观测到木星与土星的会合后开始思索、计算，结果发现，木星与土星的三连会合曾发生于公元前 7 年的 5 月、10 月、12 月，出现在双鱼座。这与最早和后来定下的耶稣的诞生日 5 月和 12 月吻合，而且与耶稣实际诞生日吻合。因为这与马太福音上所载的东方博士是看到新星升起后于公元前 7 年去巴勒斯坦看望耶稣的时间也吻合。

剑桥大学的天文学家哈弗瑞兹综合了上述各家的说法后，提出：马太

福音上的东方博士于公元前7年看到木星与土星的三连会合，认为巴勒斯坦可能发生了大事而留意，翌年竟发现木星、土星、火星聚集在一点。加上公元前5年的春天，摩羯座出现陌生的星星，东方博士下决心启程前往巴勒斯坦一看究竟。马太福音中的耶稣诞生的故事带有明显的占星术的色彩。但是公元前7年至公元前5年，天空中出现过一颗明亮的新星应当是真的。

如果伯利恒星是前面提到的几种天文现象的话，那么在耶稣诞生之前，这些天文现象就存在了。但在东方博士说起之前，并没有人知道伯利恒星。看来长期争论的伯利恒星之谜还将继续争论下去。

不光是伯利恒星的问题，其实宇宙中有太多的争论还要继续下去。不过，这未尝不是一种动力。

脉冲星的秘密

脉冲星就是高速旋转的中子星。地球自转一周是24小时，而脉冲星自转一周只需0.001 337秒。可见它转得有多快，唯有如此，它才能发出被人类接收到的射电脉冲，从而被人类发现。如果人类没有发明射电望远镜，这类星不是就"藏在深闺人未识"了吗？

人们最早认为恒星是永远不变的。而大多数恒星的变化过程是如此的漫长，人们也根本觉察不到。然而，并不是所有的恒星都那么平静。后来人们发现，有些恒星也很"调皮"，变化多端。于是，就给那些喜欢变化的恒星起了个专门的名字，叫"变星"。

脉冲星，就是变星的一种。脉冲星是在1967年首次被发现的。当时，还是一名女研究生贝尔发现狐狸星座有一颗星发出一种周期性的电波。经过仔细分析，科学家认为这是一种未知的天体。因为这种星体不断地发出电磁脉冲信号，人们就把它命名为脉冲星。

脉冲星发射的射电脉冲的周期性非常有规律。一开始，人们对此很困惑，甚至曾想到这可能是外星人在向我们发电报联系。据说，第一颗脉冲星就曾被叫做"小绿人一号"。

经过几位天文学家一年的努力，终于证实脉冲星就是正在快速自转的中子星。而且，正是由于它的快速自转而发出射电脉冲。

正如地球有磁场一样，恒星也有磁场；也正如地球在自转一样，恒星也都在自转着；还跟地球一样，恒星的磁场方向不一定跟自转轴在同一直线上。这样，每当恒星自转一周，它的磁场就会在空间划一个圆，而且可能扫过地球一次。

那么岂不是所有恒星都能发射脉冲了？其实不然，要发出像脉冲星那样的射电信号，需要很强的磁场。而只有体积越小、质量越大的恒星，它的磁场才越强。而中子星正是这样高密度的恒星。

另一方面，当恒星体积越大、质量越大，它的自转周期就越长。我们很熟悉的地球自转一周要24小时。而脉冲星的自转周期竟然小到0.001 337秒！要达到这个速度，连白矮星都不行。这同样说明，只有高速旋转的中子星，才可能扮演脉冲星的角色。

这个结论引起了巨大的轰动。虽然早在20世纪30年代，中子星就作为假说而被提了出来，但是一直没有得到证实，人们也不曾观测到中子星的存在。而且因为理论预言的中子星密度大得超出了人们的想象，在当时，人们还普遍对这个假说抱怀疑的态度。

直到脉冲星被发现后，经过计算，它的脉冲强度和频率只有像中子星那样体积小、密度大、质量大的星体才能达到。这时，中子星才真正由假说成为事实，这真是20世纪天文学上的一件大事。因此，脉冲星的发现，被称为20世纪60年代的四大天文重要发现之一。

脉冲星已被我们找到了少于1620颗，并且得知它们就是高速自转着

的中子星。

脉冲星有个奇异的特性——短而稳的脉冲周期。所谓脉冲就是像人的脉搏一样，一下一下出现短促的无线电信号，如贝尔发现的第一颗脉冲星，每两个脉冲间隔时间是1.337 秒，其他脉冲还有短到0.0014 秒（编号为 PSR－J1748－2446）的，最长的也不过 11.765 735 秒（编号为PSR-J1841-0456）。那么，这样有规则的脉冲究竟是怎样产生的呢？

天文学家经探测、研究得出结论，脉冲的形成是由于脉冲星的高速自转。那为什么自转能形成脉冲呢？原理就像我们乘坐轮船在海里航行看到过的灯塔一样。设想一座灯塔总是亮着且在不停地有规则运动，灯塔每转一圈，由它窗口射出的灯光就射到我们的船上一次。不断旋转，在我们看来，灯塔的光就连续一明一灭。脉冲星也是一样，当它每自转一周，我们就接收到一次它辐射的电磁波，于是就形成一断一续的脉冲。脉冲这种现象，也就叫"灯塔效应"。脉冲的周期其实就是脉冲星的自转周期。

然而灯塔的光只能从窗口射出来，是不是说脉冲星也只能从某个"窗口"射出来呢？正是这样，脉冲星就是中子星，而中子星与其他星体（如太阳）发光不一样，太阳表面到处发亮，中子星则只有两个相对着的小区域才能辐射出光来，其他地方的辐射是跑不出来的。即是说中子星表面只有两个亮斑，别处都是暗的。这是什么原因呢？原来，中子星本身存在着极大的磁场，强磁场把辐射封闭起来，使中子星辐射只能沿着磁轴方向，从两个磁极区出来，这两个磁极区就是中子星的"窗口"。

中子星的辐射从两个"窗口"出来后，在空中传播，形成两个圆锥形的辐射束。若地球刚好在这束辐射的方向上，我们就能接收到辐射，且每转一圈，这束辐射就扫过地球一次，也就形成我们接收到的有规律的脉冲信号。

灯塔模型是现在最为流行的脉冲星模型。另一种磁场振荡模型还没有被普遍接受。

脉冲星是高速自转的中子星，但并不是所有的中子星都是脉冲星。因为当中子星的辐射束不扫过地球时，我们就接收不到脉冲信号，此时中子星就不表现为脉冲星了。

"脏雪球"的来历

彗星，俗称扫帚星，出现时总是以它那拖着长长尾巴的特有外形吸引着人们的注意。在古代，它往往被视作不祥之物而给人以恐惧感。尽管人们对彗星已有几个世纪的科学观测历史，但认识还是很不足的。从体积上讲，彗星堪称太阳系中的庞然大物。彗星的彗发大过太阳，彗尾则更可长达3亿千米。然而这一切都是彗星运动到离太阳较近时在太阳光作用下从彗核发展而来的。因此，彗星又是太阳系中最为活跃的成员。彗核太小了，在地球上即使用大望远镜也观测不到。人们只是间接地猜测有彗核存在，并估计它的性质和大小。

那么彗核究竟是什么呢？一个世纪之前，纽顿认为彗星是一大团固体粒子，它们在相似的轨道上独立地绕太阳公转。这团粒子的中心密集区即成为弥漫的彗核，但核并不是一个整

体。这就是最早的彗核沙砾模型。这类模型认为固体微粒是在太阳系外形成的，因而有星际物质成分。但各种沙砾模型的具体内容又有所不同。1953 年，英国科学家里特顿在他的《彗星及其起源》一书中主张彗星是松散的粒子群，粒子间无引力束缚。而利奇特则在 1963 年他的《彗星本质》一书中认为彗星虽是较松散的粒子群，但粒子间有引力束缚。沙砾模型可以很自然地解释彗星的分裂以及形成流星群等观测事实。

另一种观点认为彗星具有致密彗核。这种看法在 19 世纪就有了，但直到 1950 年美国科学家惠伯才使这种观点有了重大的发展。他认为沙砾模型不能解释有关彗星的许多观测事实，如轨道长期变化，彗星爆发以及大彗星的气体尘埃比。惠伯的致密核模型认为彗核是由冰冻的母分子和尘埃微粒混杂组成的整块团状物质，并把其称为“脏雪球”。这种模型可以解释彗星的多种观测特征，在惠伯之后又得到很大发展，但长期以来始终没有直接的观测证据。

1985～1986 年哈雷彗星回归期间，有 5 艘飞船到达彗星附近进行实地探测。根据探测结果，哈雷彗星的彗核并不是惠伯认为的那种简单的“脏雪球”。这首先表现在外形不是一个球，而是呈长条形。彗核外表面极不规则，看上去像是由许多碎片组成的冰砾堆。表面粗糙，颜色极黑，如天鹅绒。彗核内物质的分布是不均匀的，最外部是由非挥发性物质构成的多孔表面层。因此当彗星接近太阳，外表温度高达 30～130℃ 时，表面层之内仍可以有冰存在，温度低于 -70℃。这一结构使彗核大部分表面不呈现较为均匀的气体升华现象。只是当阳光热量通过表面层传到内部并使冰升华时，蒸汽才能穿过表面层逸出，成为喷流等彗核活动现象。因而，外部看来只有小部分彗核表面是活动的，喷流呈离散状分布，而不是从整个表面向外发出。核的不规则外形本身就表明了冰不是在一段较长时间内从包壳下部持续地通过升华释放出来，因而核的内部结构也不会均匀。

这种带有外壳的复杂脏雪球模型为许多人所接受。但这毕竟只是对哈雷彗星单一样品的研究结果，而且严格说来许多内容还是间接推测出来的，以能说明用惠伯的简单均匀结构脏雪球模型所不能很好解释的一些观测现象。有些人，比如上面提到的里特顿，长期以来仍坚持他的沙砾模型。其他彗星的彗核又怎么样呢？如果有朝一日能直接从彗核上或深入彗核内部取一些样品来分析又会得出什么结果？这些只能留待以后的进一步研究来取得正确答案了。

木星的巨大红斑

木星，是离太阳较近的第五颗行星，而且是八大行星中最大的一颗，比所有其他的行星的总质量大两倍（是地球的 318 倍）。木星绕太阳公转的周期为4332.589 天，约合 11.86 年。

木星除了有色彩缤纷的条和带之外，还有一块醒目的标记，从地球上看去，就像一个红点，仿佛木星上长着一只"眼睛"，大红斑形状有点像鸡蛋，颜色鲜艳夺目，红而略带棕色，有时又鲜红鲜红。人们把它取名为大红斑。

其实人们很早就注意到了木星那鲜亮的红斑。意大利天文学家卡西尼在1665 年首先觉察到木星上有斑痕，并以此红斑为标志，测出了木星自转的周期是 9 时 50 ~ 56 分。这与现在公认的赤道部分自转周期 9 时 50 分 30 秒相当吻合，这在当时天文观测仪器相当简陋的情况下是很不简单的成就。

从那时起又过了三个世纪，人们一直看到这块红斑，虽然颜色有浓有淡、大小有增有减，但从未消失过，成为木星上醒目的永久性标志。这也是科学家观测、研究、讨论的课题。

大红斑十分巨大，南北宽度经常保持在1.4万千米，东西方向上的长度在不同时期有所变化，最长时达4万千米。也就是说，从红斑东端到西端，可以并排放下三个地球。一般情况下，长度为2000~3000千米，大红斑在木星上的相对大小，就像地球上的大洋洲。

大红斑之"红"也有特色，它的颜色常常是红而略带褐色，时常有变化。20世纪20年代到30年代，大红斑呈鲜红色，呈现出有史以来最美丽的颜色。1951年前后，也曾出现淡淡的玫瑰红颜色；大部分时间，它的颜色比较暗淡。

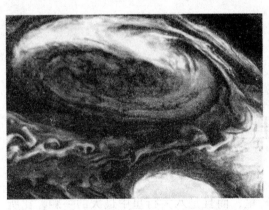

人们对大红斑的颜色问题有很多解释。有的提出那是因为它含有红磷之类的物质；有人认为，可能是有些物质到达木星的云端以后，受太阳紫外线照射，而发生了光化学反应，使这些化学物质转变成一种带红棕色的物质。总之，这仍然是未解之谜。

人们在地球上隔着6亿千米对着大红斑看了300多年，却不知怎么解释这种红斑。到20世纪70年达，先有1972年3月2日、1973年4月6日"先驱者10号""先驱者11号"相继升空。在1973年12月和1974年12月近距离观测了木星，紧随其后的又有1977年8月20日和9月5日发射的"旅行者2号""旅行者1号"，分别于1979年7月和1979年3月从木星上空掠过，对红斑进行详细察看。它们发现，它是一团激烈上升的气流，即大气旋。它不停地沿逆时针方向旋转，像一团巨大的高气压风暴，每12天旋转一周。这强大的风暴气流可谓"翻江倒海""翻天覆地"。从人类认识它以来狂暴地乱了三个多世纪，真让人咋舌，可以说是一场"世纪风暴"。那么，它是靠什么法力长盛不衰、长期肆虐的呢？

原来，大红斑是以自己实力占尽地利之便。巨大的旋涡像夹在两股向相反方向运动的气流中，摩擦阻力很小，如果大红斑比现在要小得多，那么"阻碍"的力量便相应要大得多，这团风暴要不了多久便会平息。大红斑不是独霸木星的风暴，也有小姊妹。"先驱者 10 号"1973 年 12 月也发现过其他小红斑，其扩大程度直逼大红斑，然而"先驱者11号"1974年12月飞过木星时小红斑却消失了。

小红斑从形成到消失只用了短短两年时间，规模上也只与地球风暴差不多，这跟大红斑不能相比。也有人认为大红斑长久不息应该还有别的原因。总之，关于大红斑，还有待继续探索研究。

木星是未来太阳之说

木星是太阳系八大行星中最大的一个，它那圆圆的"大肚子"里能装下1300 多个地球。它的分量也很重，太阳系里除太阳之外，所有的行星、卫星、小行星等大大小小的天体加在一起还不及木星重。天文学上把木星这类巨大的行星称为"巨行星"。

有人认为，这颗行星在未来很可能改变自己的属性，成为太阳系中的"第二个太阳"，这是什么原因呢？

原来，公元前 104 年至1368 年间的天文观测资料表明，

95

木星的亮度在逐渐增加。另外，根据理论计算，木星的表面温度应该是–168℃，然而1974年12月"先驱者11号"飞掠木星时，却测得它的表面温度为–148℃。一般行星表面的温度是稳定的，它从太阳那儿接收的能量与它发散到宇宙空间的能量应收支平衡，但木星却支出大于收入。这说明木星内部存在着丰富的能源，它是一颗能自己发光发热的行星。

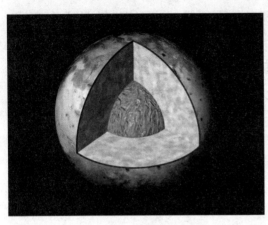

一些科学家认为，木星内部正在像太阳那样进行热核反应，核心温度越来越高。他们还认为，太阳以太阳风的形式向外抛出的粒子，相当一部分被木星俘获，木星的质量和能量因而逐渐增加，太阳却日渐衰弱。30亿年以后，太阳将像一个垂暮的老人，而木星就会像一颗新生的太阳一样，照亮茫茫的太空。

也有科学家认为，木星的体积只有太阳的千分之一，中心温度只有太阳的1/500，不足以产生热核反应，因此不具备成为恒星的资格。他们认为，木星过剩的能量是木星形成之初从原始星云中积聚的热能。

美丽的行星光环

现在我们有了许多大行星的照片，可以让我们对这些行星有更多的了解。可是了解得越多疑问就越多。像土星、木星、天王星、海王星的光环，这些光环的确是客观存在，但它们是由哪些物质构成的？为什么会发光？为什么会形成环？为什么有的行星有，有的没有……科学家解答这些问题的日子不会太远了。

在我们看到的行星照片中，行星大多都被一圈环状物质围绕着，像是为行星披上的彩带，又像是为行星戴上的王冠，令行星显得分外美丽。这些带状物质我们称之为"行星光环"。行星的光环是什么？为什么会发光呢？还一直是一个谜。

土 星 环

土星环由蜂窝般的太空碎片、岩石和冰组成。主要的土星环宽度从48千米到30.2万千米不等，以头七个英文字母命名，距离土星从近到远的土星环分别以被发现的顺序命名为D环、C环、B环、A环、F环、G环和E环。土星及土星环在太阳系形成早期已形成，当时太阳被宇宙尘埃和气体所包围，最后形成了土星和土星环。

从另一个角度来看，土星反而独具风姿。伽利略第一次透过他原始的望远镜观察土星时，发现它的形状有点奇怪，好像在其球体的两侧还有两个小球。他继续观察，发现那两个小球渐渐变得很难看见，到1612年年底时，终于同时

消失不见了。

其他天文学家也报告过土星的这种奇怪现象。但直到1656年，惠更斯才提出了正确的解释。他宣称，土星外围环绕着一圈又亮又薄的光环，光环与土星不接触。

土星的自转轴和地球一样，也是倾斜的，土星的轴倾角是26.73°，地球则是23.45°。由于土星的光环和赤道是在同一平面上，所以它是对着太阳（也对着我们）倾斜的。当土星运行到其轨道的一端时，我们可由上往下看见光环近的一面，而远的一面仍被遮住。当土星在轨道的另一端时，我们就可由下往上看到光环近的一面，而远的一面依然被遮住。土星从轨道的这一侧转到另一侧需要14年多一点。在这段时间内，光环也逐渐由最下方移向最上方。行至半路时，光环恰好移动到中间位置，这时我们观察到光环两面的边缘连接在一起，状如"一条线"。随后，土星继续运行，沿着另一半轨道绕回原来的起点，这时光环又逐渐地由最上方向最下方移动；移到正中间时，我们又看见其边缘连接在一起。因为土星环非常薄，所以当光环状如"一条线"时就好像消失了一样。1612年年底伽利略看到的正是这种情景。据说由于懊恼，他没有再观察过土星。

土星环位于土星的赤道面上。在空间探测以前，从地面观测得知土星环有五个，其中包括三个主环（A环、B环、C环）和两个暗环（D环、E环）。B环既宽又亮，它的内侧是C环，外侧是A环。A环和B环之间为宽约5000千米的卡西尼缝，它是天文学家卡西尼在1675年发现的。

1826年，德国血统的俄国天文学家斯特鲁维把外面的环命名为A环，把里面的环命名为B环。1850年，美国天文学家W.C.邦德宣称，还有一个比B环更靠近土星的暗淡光环。这个暗淡光环就是 C 环，C 环与 B 环之间并没有明显的分界。

在太阳系的任何地方都没有像土星环那样的东西，或者说，用任何仪器我们都看不到任何地方有像土星环那样的光环。诚然，我们现在知道，围绕着木星有一个稀薄的物质光环，且任何像木星和土星这样的气体巨行星都可能有一个由靠近它们的岩屑构成的光环。然而，如果以木星的光环为标准，这些光环都是可怜而微不足道的，而土星的环系却是壮丽动人的。从地球上看，从土星环系的一端到另一端，延伸 269 700 千米（167 600 英里），相当于地球宽度的 21 倍，实际上几乎是木星宽度的两倍。

土星环到底是什么呢？J. D. 卡西尼认为它们像铁圈一样是平滑的实心环。可是，1785 年拉普拉斯指出，因为环的各部分到土星中心的距离不同，所以受土星引力场吸引的程度也会不同。这种引力吸引的差异会将环拉开。拉普拉斯认为，光环是由一系列的薄环排在一起组成的，它们排列得如此紧密，以致从地球这么远的距离看去就如同实心的一样。

可是，1855 年，麦克斯韦提出，即使这种说法也未尽圆满。光环受潮汐效应而不碎裂的唯一原因是因为光环是由无数比较小的陨星粒子组成的，这些粒子在土星周围的分布方式，使得从地球这么远的距离看去给人以实心环的印象。麦克斯韦的这一假说是正确的，现在已无人提出异议。

法国天文学家洛希用另一种方法研究潮汐效应。他证明，任何坚固的天体，在接近另一个比它大得多的天体的时候，都会受到强大的潮汐力作用而最终被扯成碎片。这个较小的

璀璨的星球

难以想象的天文奇观

天体会被扯碎的距离称为洛希极限，通常是大天体赤道半径的2.44倍。

这样，土星的洛希极限就是2.44乘以它的赤道半径60 000千米，即146 400千米，A环的最外边缘至土星中心的距离是136 500千米（84 800英里），因此整个环系都处在洛希极限以内。木星环也同样处在洛希极限以内。

很明显，土星环是一些永远也不能聚结成一颗卫星的岩屑（超过洛希极限的岩屑会聚结成卫星，而且显然确实如此），或者是一颗卫星因某种原因过分靠近土星而被扯碎后留下的岩屑。无论是哪一种情况，它们都是余留的一些小天体。据估计，如果将土星环所有的物质聚合成一个天体，结果将会是一个比我们的月亮稍大的圆球。

木 星 环

随着行星际空间探测器的发射，不断揭示出太阳系天体中许多前所未知的事实，木星环的发现就是其中的一个。早在1974年"先锋11号"探测器访问木星时，就曾在离木星约13万千米处观测到高能带电粒子的吸收特征。

两年后有人提出这一现象可用木星存在尘埃环来说明。可惜当时无人做进一步的定量研究以推测这一假设环的物理性质。1977年8月20日和9月5日美国先后发射了"旅行者2号"和"旅行者1号"空间探测器。经过一年半的长途跋涉，"旅行者1号"穿过木星赤道面，这时它所携带的窄角照相机在离木星120万千米的地方拍到了亮度十分暗弱的木星环的照片。同年7月，后期到达的"旅行者2号"又获得了有关木星环的更多的信息。

根据对空间飞船所拍得照片的研究，现已知道木星环系主要由亮环、暗环和晕三部分组成。环的厚度不超过30千米。亮环离木星中心约13万千米，宽6000千米。暗环在亮环的内侧，宽可达50 000千米，其内边缘几乎同木星大气层相接。亮环的不透明度很低，其环粒只能截收通过阳光的万分之一左右。靠近亮环的外缘有一宽约700千米的亮带，它比环的其余部分约亮10%，暗环的亮度只及亮度环的几分之一。晕的延伸范围可达环面上下各1万千米，它在暗环两旁延伸到最远点，外边界则比亮环略远。据推算，环粒的大小约为两微米，真可算是微粒。这种微米量级的微粒因辐射压力、微陨星撞击等原因寿命大大短于太阳系寿命。为了证实木星环是一种相对稳定结构这一说法，人们提出了维持这种小尘埃粒子数量的动态稳定的几种可能的环粒补充源。

海王星环

由于拥有环的三颗行星——土星、木星和天王星都属于类木行星，因而人们很自然会去猜想第四个类木行星——海王星是否也存在环。

美国杂志《空间与望远镜》1978年4月曾报道，1846年10月10日就有人用60厘米反射望远镜看到过海王星环，并在次年为剑桥大学天文台台长查里斯所证实，后者甚至得出环半径为海王星半径1.5倍的结论。但因后人在寻找海王星卫星的多次观测中均未发现环，这件事就渐渐被人淡忘了。

20世纪80年代在发现天王星环的鼓励下，不少人试图通过海王星掩星事件来发现环，但对几次掩星观测结果的解释却是众说纷纭。有人报道发现了环，有人则说不存在环。对报道发现环的观测结果也有人认为可用其他原因来解释而否定环的存在。总之，海王星是否有环一时成了悬案。

1989年8月，"旅行者2号"探测

器终于使这一悬案有了解答。当它飞近海王星时，发现海王星周围有三个光环隐藏在尘面下，而且外光环很不一般，呈明显弧状，沿弧有紧密积聚的物质。但有关海王星环系的具体情况至今仍不太清楚，还需要人们更多地探测和研究。

天王星环

由于相对运动的关系，远方恒星有时会移动到太阳系天体如月亮、行星或小行星的正后方，这种现象称为掩星。掩星发生时，如果近距离天体没有大气，星光便立即消失。如果天体外围有大气，则星光在完全消失前会有一个略被减弱的过程。各类掩星发生的时刻可以通过理论计算且非常准确地作出预报。

1977 年 3 月 10 日曾发现一次天王星掩星的罕见天象，被掩的是一颗暗星。中国、美国、澳大利亚等国的天文学家都对此进行了观测。意想不到的奇怪事情发生了，小星在预报被掩时刻前 35 分钟出现了"闪烁"，也就是星光减弱又迅即复亮。这种闪烁一连出现了好几次。

当这颗星经天王星背后复现，或者说掩星过程结束后，闪烁现象又重复出现。经过对观测结果的仔细研究，天文学家发现闪烁是因天王星环的存在而造成的。这是继 1930 年发现冥王星后 20 世纪太阳系内的又一重大发现。由于天王星环非常暗弱，过去即使在大望远镜中也从未直接观测到过。1978 年，美国用 5米口径望远镜才在波长 2.2 微米的红外波段首次拍摄到天王星环的照片。

在随后的几年，天文学家共辨认出 9 条光环。这些环都很窄，一般不足 10千米，其中一条最宽的环叫 ε 环，约 100 千米。这些环都很暗，即使用世界上最大的天文望远镜也不能直接看到，因此虽然它们在本质上和土星光环并无区别，但天文学家却只称它们"环"，而不称它们"光环"。

1986 年 1 月 24 日，"旅行者 2 号"在探测天王星时不但证实了这些环的存在，还发现了两条新环，这使得目前我们所知的王天星环增加到 11 条。这些环大多是圆的，环与环相距较远。只有 ε 环较为特殊，是椭圆环。这些环有的呈深蓝色，有的偏红。环中的物质大部分是微小的尘埃，间或也有拳头、西瓜大小的石块，偶尔还有卡车那么大的岩石，中间夹杂着一些冰屑。

揭秘玛雅星之谜

有些谜的解释就像现代版的《星际旅行》或《星球大战》，对一个不存在的天体加上地球人类之谜的想象结局，这可能就是玛雅星的由来。我们是信科学呢？还是信想象呢？

在中美洲的尤卡坦半岛上曾栖息过的玛雅人，无疑是地球上最神秘莫测、最富有传奇色彩的民族之一。早在远古时代，玛雅人就在天文、建筑、医学、数学、历法等方面都取得过辉煌的成就。他们建筑了富丽堂皇的宫殿，修筑了台阶状金字塔式的纪念碑和寺院。此外，玛雅人还知道天王星、海王星，他们的玛雅历一直推算到 4 亿年之后，他们留下的天文历法可沿用 6400 万年。

在玛雅人留下的许多天体方面的史料中，最令人惊叹不已的莫过于他们推算出卓尔金年是 260 天，金星年是 584 天，地球年是 365.2420 天（今天的准确计算是 365.2422 天）。现代的史学家、天文学家一般把玛雅人的卓尔金年当做他们的宗教祭祀年，一年一共有 260 天（有 260 个不同的名称和顺序），划分为 13 个月，每个月 20 天。这种年历一般被认为是他们为定出举行宗教仪式的时间而制定的。

同时玛雅人也用 365 天（地球的公转周期）计年，他们将这种有别于宗教

年的历法通称为"民用年",一年划分为 18 个月,一个月 20 天,外加 5 个无名日。但与此同时,有人却特另一种意见,他们坚持认为既然玛雅人的地球年、金星年都是针对两个太阳系大行星而言的,那么卓尔金年一定也与某个大天体有着神秘的联系。可是,整个太阳系内并无公转周期为 260 天的大行星。于是便有人随之大胆地提出了一个近似于科幻小说的设想:玛雅人可能是外星人,

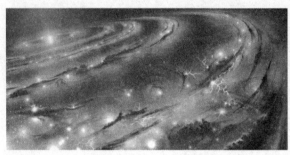

他们曾居住的星球由于某种目前尚不可知的原因爆炸了,他们是母星大爆炸前移民到地球上来的。他们的 260 天计年法,则是他们穿越心灵,永远也无法湮灭的记忆。

所以,玛雅历中规定每 52 年(260÷5＝52,墨西哥的阿兹台克人便一直采用 52 年一个循环的计年法)要建造一定台阶级数的建筑物(如寺庙和金字塔),建筑物的每一块石头都与历法有关,每一座建筑物都严格地符合某种天文上的要求。而且,每 5 个 52 年,他们都会举行隆重的祭祀仪式。现代学者称之为"历的轮回"。无独有偶,关于太阳系内是否发生过行星爆炸一说,从另一学说推算,竟也殊途同归地得出一个共同的结论。那就是天文学上著名的"提丢斯—波得"定则。

早在 1772 年,德国天文学家波得在他编写的《星空研究指南》一书中,总结并发表了 6 年前由一位德国物理学教授提丢斯提出的一条关于行星距离的定则。定则的主要内容是这样的:取 0,3,6,12,24,48,96……这么一个数列,每个数字加上 4 再用 10 来除,就得出了各行星到太阳实际距离的近似值。如:水星到太阳的平均距离为(0+4)÷10＝0.4(天文单位),金星到太阳的平均距离为(3+4)÷10＝0.7,地球到太阳的平均距离为(6+4)÷10＝1.0,火星到太阳的平均距离为(12+4)÷10＝1.6。依此类推,下一个行星的距离应该是:(24+4)÷10＝2.8,可是这个距离处没有行星,也没有任何别的天体。

波得相信,"造物主"不会有意在这个地方留下一片空白;提丢斯则认为,

也许是火星的一颗还没有被发现的卫星在这个位置上。但不管怎么说，"提丢斯—波得"定则在"2.8"处出现了间断。当时认识的两颗最远的行星是木星和土星，按照定则的思路，继续往外推算，情况是令人鼓舞的：木星到太阳的平均距离为（48+4）÷10＝5.2，土星到太阳的平均距离为（96+4）÷10＝10。定则给出的数据与实际情况比较起来，是否相符呢？请看，行星到太阳的距离是：水星0.4～0.387，金星0.7～0.723，地球1.0～1.000，火星1.6～1.524，木星5.2～5.203，土星10.0～9.554。你看，定则算出来的那些数值与行星距离多么相近啊！于是大家开始相信，"2.8"那个地方应该有颗大行星来补上。

波得为此向其他天文学家们呼吁，希望共同组织起来寻找这颗"丢失"了的行星。一些热心的天文学家便立刻响应号召开始了搜索。然而好几年过去了，依然毫无结果。但正当大家有点灰心，准备放弃这种漫无边际的搜寻工作时，1781年，英国天文学家赫歇尔于无意中发现了太阳系的第七大行星——天王星。

使人惊讶的是，天王星与太阳的平均距离为19.2个天文单位，若用"提丢斯－波得"定则一算，得出的结果是：（192+4）÷10＝19.6，这个定则数值与实际距离竟然符合得近乎天衣无缝。这一下子，定则的地位陡然高涨，几乎是所有的人对它都笃信无疑，而且完全相信在"2.8"空缺位置上，一定存在一颗大行星，只是方法不得当，所以才一直没有找到它。可是，很快十多年又过去了，还是杳无音信。

直到1801年初，一个惊人的消息才从意大利西西里岛传出，那里的一处偏僻天文台的台长皮亚齐在一次常规观测时，发现了一颗新天体。经过计算，它的距离是2.77个天文单位，与"2.8"极为近似。新天体被认为就是那颗好多人在拼命寻找却一直没有找到的天体，并被命名为"谷神星"。接着，谷神星的直径被测定了出来，是700多千米（后经重新测定为1020千米），这可把大家弄糊涂了，怎么能不是大个子行星，而是小个子行星呢？

但令人震惊的事情还在后头呢。第二年，即1802年2月，德国医生奥伯斯又在火星与木星轨道之间发现了一颗行星——智神星。除了略小之外，智神星

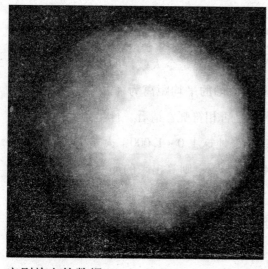

在好些方面与谷神星相差不多，距离则基本一致，接着人们又发现了第三颗行星——婚神星和第四颗行星——灶神星。到最后，前前后后发现并已登记在案的小行星总数竟有4000多颗（据估计总数最后会达到150万颗），它们都集中在火星与木星之间的一个特定区域里，即所谓的"小行星带"，该带的中心位置正好符合"提丢斯－波得"定则给出的数据。

为什么大行星变成了150万颗小行星？当时便有人猜测：是不是因某种人们暂时无法知晓的原因使原本存在的大行星爆炸了？后来，1846年和1930年，海王星和冥王星先后被发现，这两次发现对"提丢斯－波得"则来说都是挫折。

那么，"提丢斯－波得"定则到底有什么意义呢？这个问题引起了众多科学家旷日持久的争论，同时对于行星大爆炸的机制是什么，究竟是一种什么能量竟能使一颗大行星产生四分五裂的大爆炸，定则也完全无法说清。最终，"提丢斯－波得"定则连同"2.8"处行星大爆炸之谜，一起成为了一两百年来人们孜孜以求的世纪之谜。

最近，中国青年陈清贫对这一世纪之谜提出了自己的假说。经过十几年的思索和模拟、演算，他得出了一个大胆的结论：这颗大行星就是玛雅人曾居住的"摇篮"，它的消失是行星大碰撞的结果！他认为大约6500万年前，太阳系内存在着十大行星，它们分别是水星、金星、地球、火星、玛雅星、木星、土星、天王星、海王星和X行星。至于居于2.8个天文单位的玛雅星则正繁衍着一代高度的文明。当时玛雅人已在火星、地球、金星上建立了自己的生态基地，具备了星际移民的能力。同时，他们发明并利用了中微子通信技术、反重力技术、无错位技术等。那时，他们的生活和平安详，一切都有条不紊，按部就班，他们完全不知即将遭遇的灭顶之灾。

6500万年前，一颗直径超过1万千米，质量超过50亿亿吨的大行星（或者就是太阳系第十大行星，或者是另一个懒惰星系统里的行星，或者根本是一颗流浪星）在某种能量的牵引和太阳引力的作用下，以每小时20万千米的高速冲进了太阳系。它首先遭遇的是海王星。那时，海王星的八颗卫星正在近海点运行，而原冥王星及原冥卫一"卡戎"却正一左一右在远海点运行。

第一场遭遇战的结果是大行星与海王星发生了猛烈地擦肩相撞，而且它一举击碎了海卫九和海卫十，扰动了海卫二（使海卫一轨道偏心率变为0，运行逆向，并使海卫二的轨道偏心率达到了0.75，远远超过了太阳系内的其他所有的卫星和行星），冲击导致海王星脱离了当时的轨道，使其带着八颗卫星和两颗卫星的残片（后形成海王星环）紧跟大行星向太阳系内部运行。

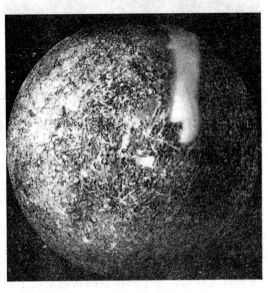

至于原冥王星和原冥卫一"卡戎"却因正在远海点运行，又受大行星撞碎两颗海卫的冲击波和冲击碎片的影响，等它们分别返回近海点时，海王星已"远走他乡"。这两个"难兄难弟"只得相互"依靠"起来（冥卫一的自转和绕冥王星运动的周期都是6.39日，而冥王星自己的自转周期也恰好是6.39日。这种妙不可言的周期关系，在太阳系里独此一家）。而"远走他乡"的海王星本身，则大约在弧线飞行直线距离13.5亿千米后，完全摆脱掉了这颗大行星的冲击摄动力，从而停留在新的轨道上继续围绕太阳旋转（在如今的30.2个天文单位处）。

那颗肇事大行星第二个遭遇的是天王星。它在低空横穿天王星轨道时，将

天王星的一部分物质"拉"了出来，被"拉"出来的物质在脱离天王星本体一段时间之后，又因受天王星的引力作用而重新砸向了天王星，结果砸歪了天王星的自转轴。随后，大行星一举撞碎了一颗土卫，从而演变成了今天的土星环，又撞歪了土卫九，使其成为了土星庞大卫星系统中唯一的一颗逆行卫星。

除此以外，大行星大概仍觉"意犹未尽"，它横冲直撞到了木星区域的最外层，结果把部分卫星撞得"晕头转向"，使木卫六、木卫七、木卫八、木卫九、木卫十、木卫十一、木卫十二、木卫十三脱离了原先行星赤道面内的轨道，同时使木卫八、木卫九、木卫十一、木卫十二运行逆向。至此，一路"冲冲撞撞"而来的大行星已略微改变了一下航向。结果歪打正着，它把最后的撞击点毫无误差地直指繁衍着一代高度文明、当时太阳系内的第五大行星——玛雅星。

可以想象，大祸临头之际，玛雅星人大概会采取如下的自救措施——经反复核算无误后，整个玛雅星都紧急动员了起来，全球通力合作，倾一星之力聚集了几乎所有的热核武器对大行星进行了定向位移爆破，试图使大行星略微改变航向。只是大行星的个头太大，惯性冲击力又太强，所以整个计划基本以失败而告终。当无可奈何的玛雅星人最终感觉此路不通时，他们已消耗了大量宝贵的物力和能源。

最后的星际移民，只有少数的玛雅星得以先后移民到撞击面后方的火星、地球和金星的生态基地上。玛雅星人也真是祸不单行。数日后，在亿万玛雅星人惊恐的注视下，两星终于发生了灾难性相撞。

大行星把玛雅星撞成了无数个碎片，自身也四分五裂，其中大的就形成了谷神星、智神星、婚神星、灶神星和义神星等著名的小行星；而部分小碎片则呈放射状地向撞击面后方飞射而出。无数的小碎片在火星上形成了炽烈的流星雨。全球温度的升高首先将火星上的冰川融化，从而在火星上形成了无数条汪洋恣肆的河流，但接踵而至的持续不断的高温和冲击，又很快将火星上的浩淼大水、万顷碧波全部蒸发殆尽，只留下如今突然中断的大小河床故道。但这又无法形成海、湖、潭等容积的大规模遗迹。

金星亦未能逃脱这次厄运，一块大碎片在飞掠火星轨道、地球轨道后，一头撞到了金星上，结果使金星自转发生了方向性变化。同时，另一块直径约 12 千米，重达 14 万亿吨的碎块被撞向了地球，并不偏不倚地撞击在了地球的表面上（玛雅星人此时已无力摧毁这些碎块了）。

结果，地球好像一下子受到了数以百计的氢弹袭击，遭到了严重的创伤。被抛起的尘埃在地球上形成了厚厚的云层，地面变暗、变冷，依赖于阳光的植物大量枯萎、凋谢、死亡。地球上的全部生物的 3/4 很快衰落，已"统治"地球 1.5 亿多年的恐龙同时也遭受到了灭顶之灾，短时间内便很快销声匿迹直至灭绝。

这样，移民到地球的玛雅人必然再次遭受重创。不过他们在丧失大量人员后顽强地生活了下来，6500 万年间创造了灿烂的史前文明。之后，他们又多次

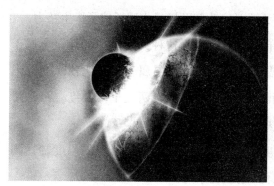

遭受诸如地极地磁逆转、大西洲沉没等一系列灾难性、毁灭性打击，但他们一息尚存，绵绵不绝。最后一批生活在中美洲尤卡坦半岛上的玛雅人依然保留了关于玛雅星的编年历，他们巧妙地使用了将卓尔金年和地球年协调并用的古老历法，

以示对"故星"刻骨铭心的怀念之情。

如果真如这种猜测一样，玛雅人就是玛雅星移民，那么他们知道天王星、海王星也就不足为怪了。如今，玛雅星文明的辉煌虽然早已消失在历史流动的长河之中，但是它的光芒是永存的，它像一位不可思议的先知，给我们以警示，并时时启发着人类，给人类以探索的渴望。

神秘的天体怪星

20 世纪 30 年代，天文学家在观测星空时发现了一种奇怪的天体，它既是"冷"的，只有两三千摄氏度，同时又是十分热的，达到几十万摄氏度。也就是说，冷热共生在一个天体上。1941年，天文学界把它定名为"共生星"。它是一种同时兼有冷星光谱特征（低温吸收线）和高温发射星云光谱（高温发射线）的复合光谱的特殊天体。几十年来已经发现了约 100 个这种怪星。许多天文学家为解开怪星之谜耗费了毕生精力。

最初，一些天文学家提出了"单星"说，认为这种共生星中心是一个属于红巨星之类的冷星，周围有一层高温星云包层。红巨星属于一种比较晚期的恒星，它的密度很小，体积比太阳大得多，表面温度只有两三千摄氏度。可是星云包层的高温从何而来呢？人们无法解释。

太阳表面温度约有 60 000 摄氏度，而它周围的包层——日冕的温度却达到百万摄氏度以上，能不能用它来解释共生星现象呢？

有人提出，日冕的物质非常稀薄，完全不同于共生星的星云包层。因此，太阳不算共生星，也不能用来解释共生星之谜。

也有人提出了"双星"说，认为共生星是由一个冷的红巨星和一个热的矮星组成的双星。但是，当时光学观测所能达到的分辨率不算太高，其他观测手段尚未发展起来，人们通过光学观测和红移测量测不出双星绕共同质心旋转的现象。而这些正是确定共生星是否为双星的最基本物质特征之一。

近些年，天文学家用可见光波段对冷星光谱进行的高精度视向速度测量证明，不少共生星的冷星有环绕它和热星的公共质心运行的轨道运动，这有利于说明共生星是双星。人们还通过具有很高的空间分辨率的射电波段进行探测，查明了许多共生星的星云包层结构图，并认为有些共生星上存在"双极流"现象。现在，大多数天文学家都认为，共生星可能是由一个低温的红巨星或红超巨星和一个具有极高温度的看不见的极小的热星，以及环绕在它们周围的公共热星云包层组成。它是一种处于恒星演化晚期阶段的天体。

有的天文学家对共生星现象提出了这样一种理论模型：共生星中的低温巨星或超巨星体积不断膨胀，其物质不断外溢并被邻近的高温矮星吸积，形成一个巨大的圆盘，即所谓的"吸积盘"。吸积过程中产生强烈的冲击波和高温。由于它们距离我们太远，我们区分不出它们是两个恒星，而看起来像热星云包在冷星的外围。

有的共生星属于类新星。类新星是一种经常爆发的恒星。所谓爆发是指恒星由于某种突然发生的十分激烈的物理过程而导致能量大量释放和星的亮度骤增许多倍的现象。仙女座 Z 型星是这类星中比较典型的，这是由一个冷的巨星和一个热的矮星外包激发态星云组成的双星系统，经常爆发，爆发时亮度可增大数十倍。它具有低温吸收线和高温发射线并存的典型的共生星光谱特征。

天文学家指出，对共生星亮度变化的监视具有重要意义。通过不间断地监视可以了解其变化的周期性、有没有爆发，从而有助于揭开共生星之谜，这对恒星物理和恒星演化的研究都有重要的意义。但要彻底揭开这个谜看来还需要付出许多艰苦的努力。

让人困惑的类星体

1960 年，美国天文学家桑德奇，用当时世界上最高倍的天文望远镜观察到一个名叫 3C 48 的射电源；但是随后人们又发现，其实它并不是一个射电星系，而是一颗颜色发蓝的暗星。它的光谱中有一些又宽又亮的发射线，这些发射线在光谱中所处的位置很奇特，以至在长达 3 年之久的时间里，竟然无人能辨认出。

1963 年，另一位旅美荷兰天文学家施密特，又发现了距离我们有 23 亿光年并且与 3C 48 相类似的天体 3C 273。施密特在对 3C 273 的光谱进行详细研究分析后，发现它们不过是普通的氢光谱线，因而可以确定在这个天体上，并没有什么地球人未知的新元素。

然而与其他天体元素所不同的是，这些元素的谱线都向长波方向移动了一段距离，天文学上把这种现象叫做"红移"。当一颗恒星背我们而去时，从地球上看，恒星的光波频率会降低，波长会变长，这就是红移现象。红移值越大，则恒星离去速度越大，与我们距离越远。一般恒星发生这种红移现象时，移动的数量很小。可是这个星体的红移量非常大，比一般恒星的红移要大上几百倍甚至上千倍。

这种新型的天体即使用最大的天文望远镜观测，绝大多数也仅仅呈现为恒星似的微小光点。根据美国天文学家哈勃在 1929 年总结出来的规律，红移的大小同星系与我们的距离成正比，红移越大，星系距离我们也就越远。这种巨大的红移表明它们是极遥远的河外天体。按照哈勃定律，可以推测出这些天体远在几十亿光年甚至上百亿光年以上。

当初，天文学家们正是因其貌似恒星而实非恒星，便将它们命名为"类星体"，意即"类似恒星的天体"。不过，后来发现有些类星体的周围有微弱的星云状包层，还有一些有喷流状结构，因此其外观与恒星并不完全相似，所以严格说来，"类星体"这个名称已经不能算名副其实了。

如今，多数天文学家认为，类星体乃是星系一级的天体，它们可能是某些活动剧烈的星系的核心部分。经过科学家们的研究，类星体的发光能力极强，比普通星系要强上千百倍，例如 3C 273 亮度为 12.8 星等，若把太阳放到其位置上，我们根本就观测不到，因此类星体得到了"宇宙灯塔"的美名。更令人们吃惊的是，类星体的体积很小，直径仅有普通星系的十万分之一甚至百万分之一。

为什么在这样小的体积内会产生这么大的能量？这一问题使得科学家们兴趣倍增而又大伤脑筋。起初人们难以对它的能量来源作出解释，便将此称为类星体的"能源困难"。近年来，种种假说接踵而来。有人认为其能源来源于超新星的爆炸，并猜测其体内每天都有超新星爆炸。还有人分析是由于正反物质

的湮灭。更有人推测类星体中心有一个巨大的黑洞，吸引并吞噬周围的物质，同时以辐射的形式释放出巨大的能量，单单这一过程已足够提供为解决"能源困难"所需的全部能量。当然，要想拨开类星体的迷雾，还有待于科学家们辛勤探索。

另外，因为在类星体与我们之间的漫长距离上，存在着种种非常稀疏又非常暗弱的物质，所以通常人们是无法观测到它的。但是，这些暗物质会吸收类星体的辐射，使类星体的光谱中出现各种附加的吸收线。研究这些吸收线，就可以反过来推知那些暗物质的情况了。这也是人们对类星体极感兴趣的又一个

重要原因。

关于类星体，目前尚有许多争论，焦点就在于其距离究竟是否那么遥远。测定类星体距离的依据正是它们的光谱线红移，星系光谱线红移的原因是它们都在有条不紊地彼此远离。换句话说，星系红移的本原乃是光源运动造成的多普勒效应。类星体既是星系级天体，人们便猜想哈勃定律同样也适用于它。于是，只要测出类星体光谱线的红移量，就可以推算出它们的距离。然而问题在于类星体的红移量异常之大，如果用多普勒效应来解释，则绝大多数类星体必定正在以每秒几万千米、十几万千米，甚至以接近光速的巨大速度退离我们而去。根据哈勃定律算出这类类星体与我们的距离远达数十亿乃至上百亿光年。正是由于类星体既如此遥远又显得相当明亮，才导致了其产能率高得令人吃惊的"能源困难"。这时，有人便转而怀疑类星体是否果真如此遥远？用多普勒效应来解释类星体的红移是否合理？就这样，"类星体红移本原"成了当代天文学中的一大疑惑。

在探求类星体红移本原时，天文学家有不同的意见，于是出现不少说法，如"宇宙学红移""非宇宙学红移""速度红移"等。遵循完全不同的思路，还先后有人用"光子老化""基本物理常数的变化"等越出传统物理学框架的大胆假说来解释河外天体红移的本原。但是它们迄今尚未得到任何物理实验和天文观测事实的支持。

总的说来，在现阶段，绝大多数天文学家认为类星体红移具有宇宙学本质。例如，按照一定的标准将类星体分类，将某一类类星体当做具有相同绝对光度的"标准烛光"，结果表明，它们大致遵循哈勃定律；又如已在几个星系团内各发现一个类星体，而这些类星体的红移与相关星系团的宇宙学红移相近等。

但有不少天文学家，如美国的阿普认为，类星体红移具有非宇宙学的本质。而美国基特峰天文台台长伯比特则认为，类星体红移既有宇宙学红移，也有非宇宙学红移。

大部分天文学家根据类星体光谱线有较大的红移认为类星体是相当远的天体。但是后来几位天文学家指出，至少有一些类星体距离地球比较近。他们的主要证据是在那里一颗类星体与一个多普勒位移小得多的星系有明显的联系。美国国家射电天文台的卡里利和他的同事对上述令人颇感兴趣的类星体——星系样本进行过研究。

更令人惊奇的是，类星体的速度居然超过了光的速度。1977年以来的发现证实，还是那颗3C 273，它的内部有两个辐射源，并且它们还在相互分离，分离的速度竟高达每秒2 880 000千米，是光速的9.6倍。不仅如此，继此之后，人们还相继发现了几个"超光速"的类星体。简直不可思议！因为人类普遍认为，光速是不能超越的，然而上述发现又是那样的奇特，不能不让人感到困惑。

红色的星球——火星

在太阳系中，火星是一颗旋转于地球轨道外侧的行星。它呈现出不寻常的红色光芒，荧荧如火，给人类留下了极深刻的印象。在中国古代，人们将火星称为"荧惑"。很早以前，日本人也曾把火星当成是一颗不吉祥的星，给它取名为"灾难星"和"红焰星"。而古罗马人称它为"马尔斯"（神话中的战神），将它与战争、鲜血联系在一起。

的确，火星是一个红色的世界，它充满了神秘的色彩，就连它为什么是红色的，人们都研究了数千年。后来，科学家们从发射的火星探测器带回的新资料的分析中才知道，原来，火星的红色与它的表面物质状况是分不开的。火星表面有如同月亮上那样众多的环形山和火山，风化作用产生的大量铁锈使这里几乎到处是红色沙漠，连天空也是红橙色的。火星表面为什么含铁量会如此的丰富呢？这个问题直到现在也没有人能够说明白。

在太阳系八大行星中，人类对火星的探测力度最大。从20世纪60年代初至今，美国和苏联一共向火星发射过20多个探测器。其中探测器收效比较好的有：1971年美国发射的"水手9号"；1975年美国发射的"海盗1号"和"海盗2号"；1996年美国发射的"火星环球勘测者号"和"火星探路者号"。其中"海盗1号""海盗2号"和"火星探路者号"三个探测器均在火星上软着陆，并进行了多方面的考察。"探路者号"还带去了"旅居者号"火星车，实现了可移动性的探测考察，为宇航员登上火星开辟了道路。一系列探测活动使得人类对火星的研究有了较大的进展。

我们为什么偏偏对火星情有独钟呢？也许因为它是我们的近邻，也许因为它和地球太相似，所以对我们别具吸引力。

火星素有"小地球"之称。它的半径为 3390 千米，比地球的半径（6378 千米）差不多小了一半。论体积，在类地行星中，它只是比水星大些，比地球和金星都要小。相对于地球，火星离太阳的距离远些，它的运行轨道比较长，运行的速度也慢些，因此，它的公转周期是 687 天。这样一来，地球每隔两年又两个月才能遇上火星。另外，它以 24.623 小时的周期绕轴自转。

自转周期与地球如此相近的行星，目前尚未发现第二颗。不仅如此，火星的自转轴的倾角方式也和地球非常接近。火星上也有四季交替，只是它的每一季都是地球的两倍长。有趣的是，火星的南、北极白色的隆起部分，会随着季节变化而扩大、缩小，人们把它们叫做"冰冠""极冠"。从天空中观察火星，还能看见它有稀薄的大气层，有两个"月亮"——火卫一、火卫二围绕着它运行。

这一切都让人感到亲切，它简直就是地球的影子。毫无疑问，"小地球"增强了人类对它作出深入研究的信心，更多的人则是希望拨开层层迷雾，见到期待已久的宇宙同类，哪怕它们是"小绿人"之类的另类生命；也有人希望能通过对火星的研究为地球上日益膨胀的人口开辟出一个更加美好的世界。

1965 年 7 月，当"水手 4 号"火星探测器首次飞越火星上空，把拍摄的照片传送到地球时，人们喜悦的心情混杂了些许失望。

火星是怎样的一种状态呢？原来，火星像月球那样布满了环形山，其中有些大山高度在 2 万米以上，地球上的最高峰都无法与之相比。另外，还有被陨石撞得坑坑洼洼的地表以及深沟宽壑。

火星上稀薄的大气层，密度相当于地球大气层 30～40 千米高处的密度，大气的主要成分是二氧化碳，约占 95%，此外还有氮占 2%～3%，氩占 1%～

2%，氧的含量很少。火星表面白天最高气温为-13℃，夜间最低气温为-73℃，气温和气压都变化很快。在最冷的地方连二氧化碳都会结冰，它的冰冠至少有一部分是冻结的二氧化碳。在这样的状况下，液态水存在的可能性极小。

虽然人们美好的愿望遭到打击，但对于火星的认识却跨出了重要的一步。如过去人们一直困惑于火星的红色，有人甚至猜测说，火星上生长着大片大片红色的植物，而冰冠的冰雪消融，正好灌溉红色植物。经过火星探测器探测，人们才知道火星上并没有红色植物，它之所以呈现红色光芒，是因为地表风化浮土层富含氧化铁，这种浮土层厚达20米，并有2米厚的氧化硫尘埃。当火星反射太阳光的时候，富含铁的铁锈红便反射了出来。有时火星上狂风大作，黄色尘埃腾空而起，形成所谓"大黄云"，有时能将半个星面盖住。

虽然现在的火星是完全干涸的，但研究显示，火星上曾经有过水。有丰沛的水，又有大量的氧，加上比较充足的阳光，这三条产生生命必备的条件都有了，不禁让人追问：火星上存在过生命吗？如果存在过，它是以什么样的形式存在的呢？

1996年8月，人们在地球南极的冰层下发现一块陨石，随即掀起了一场"火星生命热"。一块重约1.9千克、看起来并不起眼的陨石，一下子变成了稀世珍宝，备受世人瞩目。美国航天局和一些著名大学的科学家宣称，他们发现了来自火星的陨石，这块陨石在南极的冰层下已沉睡了1.3万年，它的内部存在着微生物的化学、化石残留物。

这块陨石被命名为ALH 84001，根据推测，它是在大约1600万年前，随着一场意外的爆炸（也许就是未知的卫星撞击火星时）被抛到了火星大气层。偶然的机会让它摆脱了火星的引力，在星际空间流浪了几百万年。约在 1.3 万年前，它划出美丽的弧光，落在地球南极洁白的冰原上。

天外来客 ALH 84001 受到了极高的礼遇。科学家们围着它整整研究了 3 年。人们用扫描电子显微技术，对它的内部构造、成分进行分析，发现了它有一些分节段的管状物、若干碳酸盐小球、一种与地球上古代细菌化石类似的圆形物等。研究结果认为，有理由表明火星在 36 亿年前是一个有生命的时期。

这一研究结果使许多人感到振奋，但也有人认为就一块陨石而下如此结论为时过早。他们认为，火星生命之谜是一个不寻常的课题，必须要有充足的证据来证明。这并非否定火星生命的命题，而是必须对火星进行深层次的探测。

火星上是否有生命，是科学家们非常关注的话题。目前，"火星环球勘探者"上有专门探测火星表面矿物构成的仪器。现在它还没有发现能够产生构成生命基本成分的岩石。

可以预计，科学家们探索火星的手段也将越来越高。根据报道，下一步将计划火星有人探测。它是继月球探测之后的又一重大目标。到火星去，单程即需要 200 多天，它涉及许多领域和新技术。地球的南极将被科学家们用来做"适应性训练"的实验场。因为南极有永久冰封的大陆，长期缺乏阳光，用它来模拟火星表面环境，也许是再合适不过的了。

有人说，全面揭开火星秘密的时代即将到来。凭借今天的科技力量，再用百余年的努力，火星也许就是人类的理想居住地。

119

沉默的巨人——泰坦星

千百年来，人类一直梦想在浩渺的宇宙空间里能找到人类自己的伙伴或地球的伙伴。他们的目光先后投向过月球、火星、金星、木星、土星，乃至遥远的河外星系。虽然一切都是未知，但探索和寻觅的脚步从未停止。

最初，火星的种种神奇曾令科学家们满怀希望。从20世纪70年代风靡一时的"火星人"传闻，到20世纪末"探路者号"着陆火星，世人对它的关注程度始终有增无减。即便一些科学家一再说明，火星上生命存在的可能性微乎其微，但人们幻想向火星移民的热情似乎仍在日益高涨。最近的探测飞行表明，火星上可能真有水的存在，只不过它们不是如人们最初想象的流淌在火星运河中，而是以固体——冰的形式存储在这颗红色行星的极地里。于是，人类丰富的想象力再次被激发。火星曾是一个鸟语花香的世界吗？我们能在火星上建立另一个地球吗？这些问题现在还无法回答，我们只能等待新的发现、新的突破。

"永远的"火星总是令人牵肠挂肚，除了它，木卫二也是近年来天文学家研究的热点。木卫二是伽利略于1610年用他自己简陋的望远镜发现的一颗木星卫星，被命名为"欧罗巴"。1979年，美国"旅行者号"探测器对其近距离观测时发现，木卫二表面大部分是光滑的冰块；1989年美国发射了飞向木星的

"伽利略号"宇宙飞行器，它于1997年传回了木卫二的照片。通过照片，人们能清晰地看到它表面的冰原及裂缝。1999年，"伽利略号"从距木卫二仅600千米处传回的照片使这颗直径3138千米的卫星一跃成为继火星之后又一个生物天文学的"圣地"。通过对图片的地质分析，天文学家推断，木卫二和地球一样含有液态水，不过，这些水被封在冰层下。有水就意味有生命（水是形成氨基酸的必要成分，氨基酸可形成化学链，化学链又促使脱氧核糖核酸与活性细胞的形成）。有人正计划向木卫二发射一个可穿透冰盖的小型潜水探测器，以探知是否真有生命存在的痕迹。

在火星和木卫二引起人们的兴奋还未平复时，另一颗神秘的卫星——泰坦星又重新闯入我们的视野，希望的火焰再一次点燃。

泰坦星也叫土卫六，距太阳14亿千米，表面重力为地球表面重力的1/7，表面温度-178℃，直径4828千米。它是土星23颗卫星中最大的一颗，体积在太阳系众行星的卫星中位居第二。早在1655年，荷兰天文学家惠更斯就发现了这颗巨大的卫星，人们便用希腊神话中力大无穷的独眼巨人泰坦为其命名。1940年，美国天文学柯伊伯发现它被厚重的大气层包围。

1980年，"旅行者1号"探测器拍摄到泰坦星的照片，照片上的它为浓密的橘红色云雾所笼罩。据"旅行者1号"的仪器分析，泰坦星上大气的主要成分是氮，还有甲烷及少量碳氢化合物。这一成果令科学家们雀跃不已。因为数十亿年前地球的原始大气环境与目前的泰坦星极为相仿，也就是说，泰坦星这种状况有可能导致强烈的温室效应，从而使其表面温度升高，也许会形成一个类似地球生命诞生前的环境。

科学家们迫切地想进一步探知泰坦星厚重的大气层下究竟隐藏着哪些奥秘。1997年10月，"卡西尼号"太空飞船升空。飞船于2004年7月进入土星区域，开始对土星大气、光环和卫星进行历时4年的科学考察；其后，一个名为"惠更斯"的登陆舱还实现了在泰坦星上成功登陆。

"卡西尼号"飞船直径约2.7米，总重达6吨，由轨道探测器和着陆器两部分组成（轨道探测器装有12种探测仪器，着陆器装有6种探测仪器）。为了加快飞行速度，1998年4月"卡西尼号"飞掠金星时获得了第一次加速。绕太阳公转一周后，它于1999年6月再次飞掠金星，获得第二次加速。同年8月，它在地球附近掠过，获得第三次加速。而2000年12月，"卡西尼号"飞掠木星，

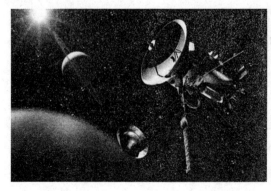

得到了最后一次加速。2004年7月1日，"卡西尼号"已经来到土星近旁，同时进入环绕土星运行的轨道。其任务是环绕土星飞行74圈，就地考察土星大气及大气环流动态。它还多次飞临土星的众多卫星，其中会飞掠泰坦星45次。在

接近泰坦星时，探测器将用雷达透过云层绘制泰坦星的表面结构图。此外，预计探测器可发回近距离探测土星、土星环和土卫家族的图像50万帧。

现在"卡西尼号"飞船正遨游在太空，人们对泰坦星的研究也在加紧进行。新的成果不断涌现。美国能源部的天文学家宣布，他们发现泰坦星上可能存在大片由液态碳氢化合物组成的"海洋"，如果得到确认，那么这将是人类在太空首次发现"海洋"。天文学家们在夏威夷通过巨型望远镜"凯克"对泰坦星进行观测时发现，在泰坦星上一些可能由冰或岩石组成的大洲或高地之间，存在着一片肾脏形的深黑色区域。他们认为，这即是由液态碳氢化合物组成的"海洋"。参与观测的科学家麦金·托斯介绍，那片海洋可能是由液态甲烷、乙烷或其他碳氢化合物组成，当然也有可能是一种固态的有机物质。有迹象显示，这种复杂的化学组成类似于地球早期呈现的状况，或许在这充满有机分子的环境里存在着某种形式的生命。

从前曾有科学家认为，泰坦星上的乙烷会聚合，并以黑雨的形式降落到表面。无独有偶，2001年10月20日出版的《科学》杂志，发表了美国北亚利桑那大学格里菲斯教授关于泰坦星的最新研究结果。文章说，泰坦星是太阳系中唯一一颗有大气层的卫星，且它的表面包含着许多构成生命的基本物质，如氮、碳和水等。因此，近年来它成为人类寻找外星生命的热点之一。

虽然泰坦星的表面重力只有地球表面的1/7，但由于极其寒冷，泰坦星的大气处于能量较低的状态，这样，它以比地球弱得多的引力吸住了比地球浓密得多的大气层。格里菲斯教授对泰坦星不可见光波段的辐射进行了观测，结果发现正像人们原先预计的，泰坦星上每天都有云层形成和消失。而云层的消失就意味着在泰坦星上每天都会"下雨"，不过从这颗星球的天空降下的不是"雨水"，而是液态或固态"甲烷"。甲烷是地球上很多家庭使用的天然气的主要成分。在地球上，天空的云是由于阳光的照射、加热，水变为水蒸气，水蒸气上升到温度较低的高空后凝结成水滴或冰晶形成的；但泰坦星表面温度极低，接受到的太阳能量只有地球表面的1/100，所以泰坦星天空中的云可能是由于其内部的热量形成的。格里菲斯教授的观测还表明，泰坦星上被甲烷云层覆盖

的部分只有 1/100（地球有 50% 的部分被云层覆盖），因此这颗星球上的天气变化非常柔和，"降雨"较稀少（尽管这样，科学家们认为泰坦星上的低洼地区仍可能存在着由液态甲烷组成的"海洋"）。

到目前为止，科学家们为我们描绘的泰坦星上的景象，是已发现的所有星球中和地球最为相似的：天空中不时有云朵飘过，偶尔还会雪花飞舞；地面上山丘起伏，广阔的海洋里甚至可能有生命的存在。但这幅颇具诗意的图景仅仅是科学家们的推测。

值得一提的是，在重达 350 千克的"惠更斯"上，除了众多的科学仪器外，还有一个特殊的光盘，光盘上录制了通过网络征集的给"泰坦人"的信件，多达 100 万封，人们的热切、渴望可见一斑。这些发给"泰坦人"的信件五花八门，读后令人忍俊不禁。绝大多数信件的语气十分友好，很诚恳地邀请"泰坦人"来地球做客。例如，一位 13 岁的小朋友要"泰坦人""赶快到我们这个蓝色的星球上做客"；一个自称"老鼠"的网虫整封信里只有一句滑稽的问候："喂，泰坦上的绿色虫子，你们好"；据说还有一封美妙的征婚信："一位身材高挑的法兰西女郎，拟结识一位魁梧英俊的外星人男士，如有可能，请来些罗曼蒂克"，该信署名为"30 岁的弗兰西斯·朱古亚"。但愿他（她）们都能梦想成真！

第四章

梦幻的星座

灿烂星空

如果晚上你在夜幕下多坐一会儿，你就会发现，不断有新的星星从东方升起，而天上已有的星星渐渐被赶下了西天，直到第二天晚上，它们才又跑到天上去。其实，这和太阳的东升西落一样，是地球自转造成的。

不过，如果每天晚上在同一时间仰望星空，你就会发现每天看到的星星都不一样，夏夜头顶的星星到了秋夜，已经走到了西天，到了冬夜，就根本看不见了，直到一年以后的同一天，它们才又回到原来的位置。

假如你坐飞机从北京一直向南飞，你会发现，南方渐渐升起了一些新的星星，而北方的星星慢慢不见了。也就是说，地球上不同纬度地区所看到的星空是不一样的。但只要纬度相同，经度不同的地区看到的星空是完全相同的，只不过同一片天空大家看到它的时间不同罢了。东部地区总是先进入黑夜，星空他们就先睹为快了。

早在远古时代，人们为了认星，把星空划分成很多小区域，古巴比伦（也就是现在西亚的伊拉克）人把这些区域称为"星座"。后来，古希腊人把他们所能看到的天空划分成四十多个星座，他们用假想的线条将星座内的主要亮星连起来，并想象成动物和人物的形象，结合神话故事给每个星座都起了名字。到了1928年，国际天文学联合会在希腊星座系统的基础上，正式公布通用的88个星座，即北天28座，黄道12座、南天48座。

下面，我们就分节按照四季变化的顺序，来逐步认识灿烂星空中的星座。神秘、陌生的星空，很快就会变成我们熟悉而又亲切的朋友。

关于星座的起源

人们把相邻恒星构成的图形及其所在的天空区域称为星座。星座的历史可以追溯到几千年前，世界上不同民族和地区都有自己的星座划分方法和传说。我国古代把天空分成三垣四象二十八宿，三垣是指紫微垣、太微垣和天市垣，二十八宿主要位于黄道区域，分为四大星区，称为"四象"。

目前国际通用的星座，主要起源于古巴比伦和古希腊划分的星座。大约在3000年前，古代巴比伦人经过长期观察，逐渐确立了黄道十二宫星座并为它们命名。后来，巴比伦人的星座划分法传入了希腊，希腊人在此基础上又分别为北天的19个星座和南天的12个星座命名。这些名字与优美的古希腊神话编织在一起，使星座成为久传不朽的宇宙艺术。

17世纪，随着航海事业的发展，人们认识了更多的星座。因此在原有的星座基础上，又为新发现的37个星座命名，并打破了过去神话传说式的星座划分。到了1928年，国际天文学联合会正式公布了通用的星座，共88个。

天上有88个星座，它们中以哺乳动物命名的有17个，如狮子

座、白羊座、天猫座、大熊座、小熊座；以鸟类命名的有 8 个，如天鹰座、孔雀座；以鱼类命名的有 4 个，如飞鱼座；以爬行动物命名的有 4 个，如巨蛇座；以节肢动物命名的有 3 个，如苍蝇座；以人造动物命名的有 7 个，如凤凰座；以物品命名的有 24 个，如六分仪座、天琴座；以神话故事中人物命名的有 15 个，如双子座、仙后座；其他还有 6 个，如三角座、波江座。

英雄的化身——武仙座

　　武仙座东邻天琴座，南连蛇夫座，西邻牧夫座，北邻天龙座，是夏季夜空中一个庞大的星座。武仙座中没有一个 2 等以上的亮星，但有很多 3 等星和 4 等星，因此也比较容易找到。座内还有一个由 30 多万颗星星密集而成的巨大星团——M13 球状星团。其直径有 35 光年，亮度为 4 等。

　　在古希腊神话传说中，武仙座是最勇武的英雄赫拉克勒斯的化身。赫拉克勒斯是宙斯和底比斯王后阿尔克墨涅的私生子。在赫拉克勒斯还是个婴儿时，天后赫拉派了两条毒蛇去毒杀他，但两条蛇居然被他活活捏死了。赫拉克勒斯长大后，成为一位英勇无比的英雄，丰功伟绩数不胜数。他死后，宙斯封他为神，并升入天空，成为武仙座。

展翅翱翔——天鹅座

　　天鹅座是夏天最显眼的几个星空之一，这个星座全身都浸没在银河中，它的几颗亮星搭成了一个十字形，活脱脱就是一只在天河上展翅翱翔的美丽的白天鹅。天鹅座之星，在我国古代称为天津四，它的视星等为 1.25 等，是全天第 20 亮星，它和织女星、牛郎星松成了醒目的"夏夜大三角"。在天津四的东面不远处，还有一颗很著名的星星，叫天鹅座 61 星，离地球约 11 光年。

　　在古希腊神话故事中，天鹅座是天神宙斯的化身。传说宙斯爱上了美丽的斯巴达王后勒达，但他害怕被生性嫉妒的天后赫拉发现，总是变成一只天鹅去和勒达幽会，还生下了两个儿子（双子座）。后来，宙斯把这只天鹅的形象留在天上，成为天鹅座。

　　天鹅座由初升到升起，再到落下，整个朝向一直在不断变化着。天鹅由东北方初升时，天鹅几乎是侧着身子升上天空。当升到正天顶时，天鹅的头指向南偏西。当移到西北方时，天鹅则变成头朝下、尾巴朝上，然后慢慢向西北，沉入地平线。同其他星座一样，天鹅座在不同季节升起的时间是不同的。例如，在春天，天鹅座大约在半夜升起，而初秋时它在下午升起，黄昏后，它已飞到天顶了。

忏悔之星——仙后座

热闹的夏季星空过后，迎来的是暗淡、冷寂的秋季星空。学习辨认秋夜的星座，最好先从东北方在银河中闪耀生辉的仙后座开始。仙后座是秋季星空最著名的星座，它的大名可与北斗七星相媲美。仙后座中，能用肉眼看到的星星至少有100颗，最亮的星有六七颗。其中，由三颗2等星、两颗3等星构成了一个像英文字母"W"的形状，这是辨认仙后座最明显的标志。

认识了仙后座，就可以轻松地找到北极星了。方法是将"W"外侧两条边延长，然后交于一点。这个虚拟的交点和"W"中间的那个点连线，向前（"W"开口方向）延伸大约5倍距离，就是北极星大致的位置了。

在古希腊神话传说中，仙后座原是埃塞俄比亚的王后。王后是个爱慕虚荣的女人，她到处夸耀女儿安德罗美达公主的美貌胜过海里最美的仙女。海神听说后非常生气，就派海怪兴风作浪，危害人间。为了解救百姓，国王忍痛将心爱的公主用铁链绑在岩石上，奉献给海怪。

正当海怪袭击公主时，英雄珀尔修斯骑着飞马路过这里，救下了公主。两个人结为夫妻，相亲相爱。后来，公主升天化为仙女座。珀尔修斯紧随其后，成为英仙座，他座下的飞马成为飞马座。公主的母亲死后也升上天空，化为仙后座。你看，她高举着双手弯着腰，正在向女儿表达忏悔之意呢!

公主的父亲——埃塞俄比亚的国王克甫斯化为仙王座。仙王座位于银河北侧，我们全年都能看到，秋季里最为耀眼。在仙王的鼻尖上，有一颗典型的高光度的"脉动变星"，叫造父一。它的直径比太阳大 30 倍，密度是太阳的6/10 000。

王者之星——仙王座

仙王座处于恒显圈内，我们一年四季都可以看到它。不过，这个星座中最亮的星也还不到 2 等，所以要找到它并不是很容易。

延长秋季四边形中飞马座的 α 和 β 星可以一直找到北极星，在半路上有个五边形，这就是仙王座中的五颗主要亮星。其中最亮的 α 星视星等为 2.5 等，由于岁差，在公元5500 年的时候，它将成为那时的北极星。

仙王座中最引人注目的是 δ 星，我国古代管它叫造父一（造父是我国古代传说中一位善于驾驶马车的人）。它也是颗变星，这是在 1784 年首先发现的。造父一的变光周期

非常准确，为 5 天 8 小时 46 分钟 39 秒，最亮时是 3.5 等，最暗时为 4.4 等。

最美丽的星座——牧夫座

顺着大熊座北斗勺把三颗星的曲线向南，差不多在勺把长度的两倍处有一颗很亮的星，这就是牧夫座 α 星，我国古代称它为大角。找到了大角，再找牧夫座的其他星就不难了。

古希腊人把牧夫座想象为一个凶猛的猎人，右手拿着长矛，左手高举，恨不得一把抓住面前的大熊。每当暮春初夏的日子，牧夫座就在我们头顶，这时正是这个年轻猎人踌躇满志，最为得意的时候。

大角的视星等为 -0.04 等，是全天第四亮星，北天第一亮星，它不愧是天上的一盏明灯。而且你看，它浑身散发着柔和的橙色的光芒，每天刚刚升起和将要落下的时候更染上了淡淡的红晕，难怪人们称誉它是"众星之中最美丽的星"。

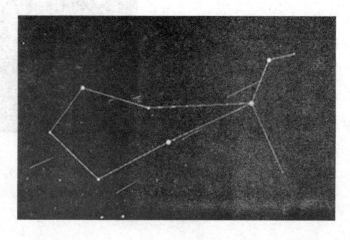

对称的星座——天秤座

天秤座位于室女座的东南方向，也属于黄道星座，不过它的亮星很少，秤的形象并不明显，是个不大引人注目的小星座。

星座中最亮的四颗 3 等星 α、β、γ、σ 组成了一个四边形，其中的 β 星又和春季大三角构成了一个大的菱形，你可以用这个办法试着找找这个星座。

星系团较多的星座——后发座

后发座是一个黯淡的小星座，其中最亮的一颗星也只有 4 等。不过，这个星座几颗主要的星正在猎犬座 α 星、牧夫座的大角和狮子座 β 星所连成的三角形中，所以找起来倒不太困难。

别看后发座不起眼，它在天文学上可是个很重要的星座，其原因就在于这里有一个著名的星系团。后发座星系团的成员有一万多个，距离我们 3 亿多光年。

球状星团——猎犬座

从大熊座北斗的 α 星和 γ 星引出一条直线，向大角方向延长约两倍，就可以找到猎犬座 α 星。它与狮子座 β 星和牧夫座大角组成了一个等边三角形，通过这个办法也可以找到猎犬座 α 星。

猎犬座中除了 α 星（2.9 等）和 β 星（4.3 等）外，全都是些暗星，所以这个星座显得冷冷清清，根本看不出什么猎犬的样子。

晴朗无月的夜晚，在猎犬座 α 星和大角连线的中点可以找到一颗非常黯淡的星，有时甚至得借助小型望远镜才能看到。而用大型望远镜观察时会发现，原来它并不是一颗星，而是 20 多万颗星聚在一起的星团。猎犬座的这个大星团呈球形，直径达 40 光年，在天文学上叫做"球状星团"。

传说中的寿星——南船座

船尾座、船底座、船帆座和罗盘座这四个星座，原本是同一个星座——南船座的四个部分。在古希腊神话中，它们合称为南船座，是全天最大的星座。这个星座里用肉眼能看到的星就有八百多颗，几乎相当于全天可见星数的八分之一！

古希腊神话中，载着大英雄伊阿宋等人去取金羊毛的阿尔戈号在大海中乘风破浪，就是到了天界也还是威风八面呢！可惜好景不长，18世纪的天文学家嫌南船座太大了，于是就把它拆成了四块，分别叫做船尾座、船底座、船帆座和罗盘座。到了现在，南船座这个词很少有人提起了，不过，阿尔戈号和英雄们的业绩却深深印在人们心中。

这四个星座虽然肉眼可见的星很多，但亮星很少，它们又都位于南天，所以很不容易观测到。船尾座的赤纬是-11°到-51°，这个星座的大部分在北京还勉强看得见。船底座的赤纬是-51°到-75°，在北京永远也看不到！

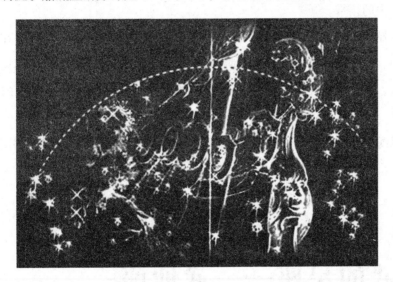

船底座α星的视星等为-0.72等，它是全天第二亮星。在我国南方，初春的傍晚，在贴近南方地平线的地方，我们可以找到它（要想找到它，可以大犬座天狼星为中点，向北偏西是猎户座的亮星参宿四，而向南偏西差不多同样距离就是它了）。船底座α星在我国古代叫做"老人星"，是寿星的象征。

在我国南方，连接船尾座ξ星和ζ星，向南延长到它们间距的一半处，就能看到船帆座γ星。不过，在我国北方，虽然可以看到半个船帆座，却很难看到比较亮的船帆座γ星。

罗盘座最亮的星只有4等，实在是个什么形象也观察不出来的暗星座。

蛇夫的腰带——巨蛇座

巨蛇座为蛇夫座所控之蛇，巨蛇的头部和尾部被蛇夫紧紧握住，中间部分成了蛇夫的腰带。

巨蛇座是全天88个星座中唯一被分成两个部分的星座。它的一半在蛇夫座的东面，是巨蛇的尾巴，沿着银河伸向牛郎星；另一半在蛇夫座的西边，是巨蛇的头，紧挨着牧夫座和北冕座；巨蛇中间的部分，则被蛇夫座大钟的底部所掩盖。

巨蛇座内最亮的星也只有3等，所以这个星座虽长，却并不怎么引人注目。

威武的星座——武仙座

在牧夫座大角和天琴座织女星的连线上有两个星座，一个是北冕座，另一个靠近织女星的就是武仙座（连接天鹅座 α 星和织女星并延长到一倍远的地方也可以找到武仙座）。赫拉克勒斯生前是位盖世英雄，到了天上他却很谦虚，不愿摆出显赫的样子。因而武仙座并不显著，最亮的只是3等星。

在武仙座中，赫拉克勒斯右腿半跪，右手高举着大木棒，左手紧紧地攥着九头蛇，十分威风。有趣的是，赫拉克勒斯的形象在北半球看上去是倒立的，只在南半球才能看到正立的样子。

在武仙座 η 星和 ζ 星之间靠近 η 星的地方，有一个著名的大星团，它的亮度相当于 4 等，所以在晴朗无月的夜晚我们可以看到它。这个大星团离我们 3.4 万光年，它呈球形，直径有 100 多光年，越到里面星越密集，到了中心恒星的密度已经是我们太阳系附近恒星密度的几百倍了。天文学家估计它的成员有一百多万个，其中很多在大型望远镜里都看不到。

我们的太阳是个恒星，但是它也在运动着。除了它和银河系其他成员一样绕着银心"公转"外，它还带着我们以每秒大约 19.5 千米的速度向武仙座方向飞奔。

爱情的见证者——天琴座

夏夜，在银河的西岸有一颗十分明亮的星，它和周围的一些小星一起组成了天琴座。

别看这个星座不大，它在天文学上可非常重要，而且在很多国家还流传着它的一些动人传说呢！在古希腊，人们把它想象为一把七弦宝琴，这便是太阳神阿波罗送给俄耳甫斯的那把令无数人心醉神迷的金琴。直到今天，每当人们仰望它时，仿佛仍有几曲仙乐从天际流淌下来。我国古代则把天琴座中最亮的那颗 α 星叫做织女星，这个典故来源于"牛郎织女"这个美丽的神话故事，在我国可谓是尽人皆知。而在织女星旁边，由四颗暗星组成的小小菱形就是织女织布用的梭子。

织女星的视星等为 0.05 等，是全天第五亮星。她离我们 26 光年远，是第一颗被天文学家准确测定距离的恒星。由于岁差，北极星总是"轮流值班"。

再过 12 000 年，织女星就会成为那时的北极星了。到时候，天琴座肯定比现在还重要。

像狮子座一样，天琴座里面也有一个很著名的流星雨。它出现于每年的 4 月 19～23 日，其中尤以 22 日最为壮观。世界上关于它的最早记录，出现在我国古代的典籍《春秋》里，它生动地记载了公元前 687 年天琴座流星雨的暴发："夜中，星陨如雨。"四月下旬，天琴座在凌晨四五时的时候升到天顶，要想更清楚地看到流星雨，又得早起了。

相传太阳神阿波罗的儿子奥尔费斯是个弹琴的高手，只要他一弹琴，就会造成河川停止流动，甚至连狂吠的狮子都变得温驯可爱。他有一个美丽善良的妻子，两个人过着无忧无虑的生活。但好景不长，有一天，当她和仙女一起到郊外游玩时，不幸被毒蛇咬死。奥尔费斯知道此事后，痛不欲生。他非常思念亡妻，最后竟然走到地下的冥府去寻妻。他向冥王哈得斯恳求，希望哈得斯让他妻子重回人间。哈得斯当然不会答应此事，奥尔费斯只好取出竖琴弹奏思念亡妻的悲哀怨曲，最后终于打动了冥王。冥王答应了他的请求，不过有一个附带条件，就是回到人间前，绝不可回头看妻子一眼。

奥尔费斯高兴地接受了约定，立即牵着妻子回去。在途中原本只差一步就可以回到地面时，由于听不到后面妻子的声音，心急之下回头一看，就在这一刹那间听到妻子一声惨叫，又回到冥府去了。事后，奥尔费斯因悲伤过度而发疯，最后竟投江而死。后来大神宙斯拾获此琴，为了纪念二人，便将此琴送到天上，这便是天琴座。

多年前的"北极星"——天龙座

天龙座这条大龙弯弯曲曲，像个反写的"S"，从大熊、小熊座之间一直盘绕到了天琴座附近，巨龙的头就在天琴座旁边。

只要连接天琴座和天鹰座中的织女星和牛郎星，向北延伸到它们间距的三分之一处，就可以看见巨龙的头了。

这个大龙头是由四颗星构成的一个小小的四边形。有趣的是，织女星是颗0等星，牛郎星是颗1等星，而这四颗星依次大体上是2等星，3等星，4等星，5等星。

连接大熊座和北斗七星的第三和第四颗星，也就是 γ 和 δ 星，延长到间距的两倍处，那颗黯淡的小星就是天龙座 α 星（它只是颗 4 等星）。别看这颗星现在不起眼，四千多年前它可尊贵得不得了，那时，它是天上的北极星呢！

奇异之星——鲸鱼座

鲸鱼座是全天88个星座中仅次于长蛇座、室女座和大熊座的第四大星座。延长秋季四边形的仙女座 α 星和飞马座 γ 星向南到两倍远的地方，这里有一颗2 等星，它就是鲸鱼座中最亮的 β 星。由于附近的天区再没什么亮星了，所以这颗星显得很醒目，非常容易找到。鲸鱼座虽大，可也就这么一颗亮星，这个

大妖怪的形象还真不太明显呢！

鲸鱼座的 o 星（希腊字母"o"读作"奥密克戎"）是一颗十分重要的变星，它最亮的时候能达到 2 等，而它最暗的时候可以到 10 等——这时就得用望远镜看了，因此西方人称它是"奇异之星"。

鲸鱼座 o 星（我国古代称之为"刍蒿增二"）是人们最早发现的变星，那还是 1596 年 8 月的事。可它后来逐渐变暗，两个月后就再也看不见了。直到 1619 年 2 月，人们才再次发现它。以后，它又逐渐变暗，几个月后就在茫茫星空中消失了。又过了 60 年，天文学家总算搞清楚了，原来它是颗周期为 330 天的变星。其实这 330 天也只是个平均数，它的变光周期根本就不固定，最短时可达 310 天，而最长时又达 355 天。它可真不愧是颗"奇异之星"。

孤独之星——南鱼座

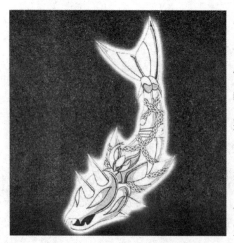

南鱼座不是黄道星座，可里面却有亮星。沿着秋季四边形的飞马座 β 和 α 星一直向南找，可以发现一颗很亮的星星，这就是南鱼座 α 星。它和西边的一些暗星组成一条鱼的形状，α 星正好是鱼嘴，看，这条鱼正大张着口痛饮甘尼美提斯的宝瓶里流出的美酒呢！

南鱼座 α 星在我国古代被称为"北落师门"，它的视星等为 1.2 等，是第十八亮星。秋季的亮星很少，在南天，它简直是最亮的一颗了。在周围一大片暗星的映衬下，它显得光彩夺目，鹤立鸡群，可又带给人一丝孤独的感觉。如果我们晚上八九时在东方地平线附近看到了它，那就意味着凉爽的秋天已经来临了。

南鱼座的亮星北落师门（南鱼座α星）就位于黄道附近，它和同样处在黄道附近的金牛座毕宿五、狮子座的轩辕十四、天蝎座的心宿二四颗亮星，在天球上各相差大约90°，正好每个季节一颗，它们被合称为黄道带的"四大天王"。

最迷人的星座——英仙座

延长秋季四边形的对角线即飞马座α星和仙女座α星到两倍远的地方，有一颗视星等为1.8等的亮星，这就是英仙座中最亮的α星。

由大弧线两端的η星和ζ星连成的弦的中央是英仙座β星，我国古代称作大陵五。如果把整个英仙座的亮星想象成英武的珀尔修斯的话，大陵五正可以看作是他手里提着的，美杜莎头上那看·眼就会使人变成石头的魔眼，所以西方人又称它是"魔星"。

其实，叫它魔星还有一个更重要的原因，那就是它的亮度会变，忽明忽暗，简直就像是一颗神秘莫测的魔眼。大陵五的亮度变化非常有规律，每隔2天20小时49分钟，它的亮度就从2.3等到3.5等然后再到2.3等，变化一个周期。古代阿拉伯人把大陵五叫做"林中魔王"，可见，那时他们似乎就已经注意到它的变光现象了。

延长英仙座大弧线顶端的γ和η星到一倍远的地方，仔细观察，这里有一块模糊的光斑。其实，这是两个疏散星团，由于它们离得很近，就像双星一样，形成了一个双重星团。

　　狮子座和天琴座有流星雨，英仙座也有一个流星雨，而且它是一年中最显著、出现日期最可靠的一个。它的位置在大弧线的 γ 星北部，每年 7 月 27 日到 8 月 16 日出现，最盛期是 8 月 12 日。只不过此时英仙座上中天的时候已经是早晨了，所以要想看流星雨，得再早一点儿，在英仙座位置比较偏的时候才合适。

　　英仙座象征着希腊神话的英雄珀尔修斯。传说英雄珀尔修斯是天神宙斯之子。智慧女神雅典娜要他设法去取魔女美杜莎的头，并答应事后将他提升到天界。美杜莎的头上长满毒蛇，谁看她一眼，就会变成石头。珀尔修斯在神的帮助下，脚穿有翅飞鞋，头戴隐身帽，借着青铜盾的反光，避开了她的目光，用宝刀砍下了女怪的头。然后骑着从魔女身子里跳出来的一匹飞马，离开了险境。在回来的路上，救下了公主安德罗美达，并与公主结了婚。最后她将美杜莎的头献给了智慧女神。女神实践了她的诺言，将珀尔修斯升到天上，成为英仙座；同时，也将公主提升到天上，成为仙女座。因此，他俩在天上总是亲密相依在一起。在星空中英仙座紧临仙女座及仙后座（公主的母亲），这一大片星空叙述这个著名的希腊神话故事。NGG 869 及 NGG 884 两个球状星团代表珀尔修斯挥剑的右手；英仙座 β 星（大陵五）代表美杜莎的头，提在珀尔修斯的左手。银河恒星较密集的部分通过此处，对使用双筒镜的人士而言，英仙座是个迷人的星座。

遗落天空的梭子——海豚座

海豚座是个既小又暗的星座，位于秋季四边形和牛郎星（天鹰座）之间靠近牛郎星的地方。座内 α、β、γ、δ 四星构成了一个小小的菱形。

在我国古代神话中，传说这个菱形是织女和牛郎分手时，织女留给牛郎的自己织布用的梭子。

亮星最多的星座——猎户座

猎户座是冬夜星空中最好辨认的一个星座。

座中 α、γ、β 和 κ 这四颗星组成了一个四边形，在它的中央，δ、ε、ζ 三颗星排成一条直线。这是猎户座中最亮的七颗星，其中 α 和 β 星是 1 等，其他全是 2 等星。一个星座中集中了这么多亮星，而且排列得又是如此规则、壮丽，难怪古往今来，在世界各个国家，它都是力量、坚强、成功的象征，人们总是把它比作神、勇士、超人和英雄。

猎户座中最亮的是 α 星，它是全天第六亮星；猎户座 β 星在全天的亮星中排在第八位。每年一月底二月初晚上八时多的时候，猎户座内连成一线的 δ、ε、ζ 三颗星正高挂在南天，所以有句民谚说"三星高照，新年来到"。

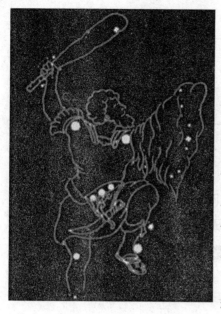

在猎户座中，最著名的天体应该算是那个大星云了。它就位于三星的正南方一点，视星等为4等，看上去像团白雾，非常好认。

在猎户座ζ星附近还有个星云，它旁边既没有星照亮它，也没有谁供它紫外辐射使它自己发光，它只是遮住了一个亮星云发出的光，使我们能看到它的轮廓——一个马头的形状，因此这个星云又称为马头星云，它是个典型的暗星云。

猎户座里面也有个流星雨，位置在ζ星和α星的连线向北延长一倍处。它的出现日期是每年的10月17～25日，最盛期是10月21日。它也是由哈雷彗星引起的。

赋予不同寓意——大犬座

从猎户座三星向东南方向看去，一颗全天最亮的恒星在那里放射着光芒。它就是大犬座α星，我国古代也叫它天狼星。天狼星的视星等为-1.45等，距离我们只有8.6光年。

在古埃及，每当天狼星在黎明时从东方地平线升起时（这种现象在天文学上称为"偕日升"），正是一年一度尼罗河水泛滥的时候，尼罗河水的泛滥，灌溉了两岸大片良田，于是埃及人又开始了他们的耕种。由于天狼星的出没和古埃及的农业生产息息相关，所以那时的人们把它视若神明，并把黎明前天狼星自东方升起的那一天确定为岁首。可以说，我们现在使用的"公历"这种历法，最早就是从古埃及诞生的。

在我国古代，天狼星可就没有这么幸运了。我国古人把它看成是主侵略之兆的恶星。屈原在《东君》里写道"举长矢兮射天狼……"，他把天狼星比作了四处侵略别国的秦国，希望能射下天狼，为民除害。

天狼星的自行很大，而且还有一颗白矮星作它的伴星。

第十亮星——波江座

波江座是全天第六大星座，它起始于猎户座和鲸鱼座之间，弯弯曲曲向南延伸，一直流到赤纬-50°以南。座内大部分星都在很低的天空中出现，所以不太好认。

波江座中最亮的 α 星，在我国古代称为"水委一"，视星等为 0.46 等，是全天第十亮星。可惜它太偏南（赤纬达到了-57°），居住在我国北方的人们无缘与它相识。

大熊星座和小熊星座的传说

大熊星座是北方天空中最明亮、最重要的星座之一。在北半球，一年四季都可以看到大熊星座，春季黄昏是观测它的最好时机。人们把大熊星座中的星星所组成的图案想象成一头熊，我们熟知的北斗七星是这头"熊"的一部分——北斗七星的斗勺是大熊的躯干，斗柄是大熊的尾巴。

在古代希腊神话中，这头大熊原来是一位温柔美丽的少女，名叫卡力斯托，她的面孔清秀端庄、皮肤白中透红、身材苗条迷人。天神宙斯爱慕这位美丽的少女，并与她生下了儿子阿卡斯。宙斯的妻子赫拉忌妒卡力斯托，就施展法力将她变成了一头大母熊。

15 年后，长成大人的阿卡斯在林中打猎时巧遇母亲。变成大熊的母亲，想张开双臂拥抱心爱的儿子。阿卡斯不知那是母亲，拔刀刺向大熊。宙斯不愿让亲子弑母的惨剧发生，就将阿卡斯变成了小熊，并将母子俩升上天空，化为大熊星座和小熊星座。为了破坏他们母子团聚，天后赫拉派猎人带着两条狗，紧紧地跟在后面追赶这两头熊。那猎人就是牧夫座，两条狗就是猎犬座。

小熊星座紧挨着大熊星座，由 28 颗 6 等星以上的星星组成，其中的小熊座 A 星就是著名的北极星。北极星与附近 6 颗比较明亮的星星，组成了一个类似北斗七星那样的小勺子。但这个勺子比较小，形状也不太一样，斗柄的端点就是北极星。

十二星座之白羊座

在一个遥远而古老的国度里，国王和王后因为性格不合而离婚，国王又娶了一位美丽的王后。可惜，这位新后天性善妒，她看到国王对前妻留下的一对儿女百般疼爱，非常恼火。日积月累，她决定除掉王子和公主，夺回国王的爱。

春天来的时候，新后将发放给百姓的麦种全部炒熟，这样，农民们无论怎么浇水施肥都不可能使麦子长出新芽。这时候，新后开始散布谣言，说庄稼颗粒不收是因为国家受到了诅咒，而受到诅咒完全是因为王子和公主邪恶的念头！因为邪恶的王子和公主，全国的人民都将陷于贫穷饥饿的深渊中，这是一件多么可怕的事啊！善良而淳朴的百姓轻易地相信了王后的话，很快地，全国各地不论男女老少，都一致要求国王将王子与公主处死，这样国家才能解开这个诅咒，平息天怒，人民的辛苦耕种才会有收获，国家也才能恢复过去的安定富足。国王众怒难犯，虽心有不舍，但还是下令处死王子和公主。

这个消息传到了王子和公主生母的耳中，她于是向宙斯求救，日日祈祷。宙斯很快知道了这件事情，就在行刑的当天，他派出一只长着金色长毛的公羊将王子和公主救走。王子一直没有感到恐惧，因为他的天性乐观；而公主顽皮粗心，就在飞跃大海的时候，一个不小心掉下羊背摔死了。宙斯为了奖励公羊

将它高高悬挂在天上，也就是今天大家熟知的白羊座，而王子的乐观和公主的粗心就是白羊座人的最大特点。

白羊座位于双鱼座和金牛座之间，面积441.39平方度，占全天面积的1.07％，在全天88个星座中，面积排行第三十九。

十二星座之金牛座

在非常遥远的古希腊时代，欧洲大陆还没有名字，那里有一个王国叫腓尼基王国，首府泰乐和西顿是块富饶的地方。国王阿革诺耳有一个美丽的女儿叫欧罗巴。欧罗巴常常梦到一个陌生的女人对自己说："让我带你去见宙斯吧，因为命运女神指定你做他的情人。"那时候宙斯还只有赫拉一个妻子，而且宙斯并不爱他的妻子，他整日处在郁郁寡欢之中，命运女神克罗托想帮助宙斯找到幸福。她知道火神有一件长襟裙衣，淡紫色的薄纱上用金丝银线绣了许多神祇的生活画面，价值连城，而且美不胜收。克罗托把这件衣服要过来，让宙斯去送给欧罗巴。起初宙斯兴致不大，但当他见到欧罗巴时，不禁为她的美色深深吸引，宙斯无可自拔地爱上了这个欧洲大陆的公主。他以一位邻国王子的身份去提亲，并把神衣送给了欧罗巴。但是欧罗巴并没有答应他，她心里一直想着命运女神的承诺。

一天清晨，欧罗巴像往常一样和同伴们来到海边的草地上嬉戏。正当她们快乐地采摘鲜花、编织花环的时候，一群膘肥体壮的牛来到了这片草地上，欧罗巴一眼就看见牛群中有一只高贵华丽的金牛。牛角小巧玲珑，犹如精雕细刻的工艺品，晶莹闪亮，额前闪烁着一弯新月形的银色胎记，它的毛是金黄色的，一双蓝色的眼睛燃烧着情欲。那种无形的诱惑让欧罗巴难以抗拒，她欣喜地跳上牛背，并呼唤同伴一起上来，但是她们没有人敢像欧罗巴一样骑上牛背。正在这个时候，金牛从地上轻轻跃起，渐渐飞到了天上。同伴们惊慌地喊着欧罗巴的名字，欧罗巴也不知所措，金牛飞跃沙滩，飞跃大海，一直飞到一座孤岛上。这时候金牛变成了一个俊逸如天神的男子，他告诉她，他是克里特岛的主人，如果欧罗巴答应嫁

给他，他可以保护她。但是欧罗巴没有答应他，她心里一直想着命运女神的承诺。

一轮红日冉冉升起，欧罗巴一个人被撇在了孤岛上，她向着太阳的方向怒喊道："可怜的欧罗巴，你难道愿意嫁给一个野兽的君王做侍妾吗？复仇女神，你为什么不把那头金牛再带到我面前，让我折断它的牛角！"突然，她的背后传来了浅笑，欧罗巴回头一看，竟是梦中那个陌生的女人。美丽的女人站在她面前说道："美丽的姑娘，快快息怒吧，你所诅咒的金牛马上就会把它的牛角送来让你折断的。我是美神维纳斯，我的儿子丘比特已经射穿了你和宙斯的心，把你带到这里来的正是宙斯本人。你现在成了地面上的女神，你的名字将与世长存，从此，这块土地就叫欧罗巴。"欧罗巴这才恍然大悟，终于相信了命运女神的安排。十二星座中的金牛座也由此得名，成为爱与美的象征。

金牛座是北半球冬季夜空上最大、最显著的星座之一。它西接白羊座，东连双子座，北面是英仙柏修斯及御夫座，西南面有猎户奥瑞恩，东南面有波江座及鲸鱼座。

十二星座之双子座

在遥远的希腊古国，有一个美丽动人的传说。温柔贤惠的丽达王妃有一对非常可爱的儿子，他们不是双生，却长得一模一样，而且两兄弟的感情特别深厚，丽达王妃觉得十分幸福。

但是有一天，希腊遭遇了一头巨大的野猪的攻击，王子们召集了许多勇士去捕杀这头野猪。其间，勇敢的哥哥杀死了野猪，但是也受了伤。就在举国欢庆的时候，丽达王妃为了安慰受伤的哥哥，偷偷向他吐露了实情。原来，哥哥并不是国王与王妃所生，而是王妃与天神宙斯的儿子。所以，他是神，拥有永恒的生命，任何人都伤害不了他。哥哥知道以后再三保证不会告诉任何人这个秘密，哪怕是他最亲爱的弟弟。

然而，不幸的是，勇士们因为争功而起了内乱，竟形成了两派，彼此看对方不顺眼。后来他们开始打了起来，场面一发不可收拾。两位王子立即赶去阻

止，但是没有人肯先停手。就在混战之中，有人拿长矛刺向哥哥，弟弟为了保护哥哥，奋勇扑上，挡在哥哥身前。结果，弟弟被杀死，哥哥痛不欲生。其实哥哥有永恒的生命又怎么会被杀死呢？只怪不知情的弟弟太爱他的哥哥了。

哥哥为此回到天上请求宙斯让弟弟起死回生。宙斯皱了皱眉头，说道：

"唯一的办法是把你的生命力分一半给他，这样，他会活过来，而你也将成为一个凡人，随时都会死。"但是哥哥毫不犹豫地答应了。他说，弟弟可以为了哥哥死，哥哥为什么不能为了弟弟死呢？宙斯听了非常感动，以兄弟俩的名义创造了一个星座，命名为双子座。

双子座面积513.76平方度，占全天面积的1.245％，在全天88个星座中，面积排行第30位，纬度变化位于+90°和60°之间可全见。

十二星座之巨蟹座

在很久很久以前，赫拉克勒斯大战蛇妖许德拉的时候，从海中升出一只巨蟹为帮助蛇妖咬了赫拉克勒斯的脚踝，后来这只巨蟹被赫拉克勒斯打死，落在了爱琴海的一座小岛上。巨蟹没有完成女神赫拉的任务，因而被诅咒，这诅咒便波及到雅典王后的身上。在雅典公主美洛出生的时候，就有一位预言家预言，公主结婚的时候就是王后死亡的时候。为着这个预言，王后一直没有叫公主嫁人。

直到美洛二十岁的时候，雅典城来了一位王子，名叫所飒。所飒是慕名而来，他一心想娶美洛为妻，而美洛在第一眼见到所飒时也深深地爱上了他。然而诅咒是可怕的，公主也不希望只为了自己的幸福去牺牲母亲的生命。于是她想尽办法阻止所飒也阻止自己的欲望。她定下了九关，就如同九个不可能完成的任务一样，除非所飒一一做到，他才可以迎娶美洛。然而，英勇无比的所飒竟一一做到了！公主陷入了两难的境地。伟大的母亲为了女儿的幸福，毅然决定把美洛嫁给所飒。

在美洛和所飒举行婚礼的这一天，王后并没有到场，她不希望宴会上出现什么意外来破坏气氛。王后一个人悄悄走向海边，迎接着爱琴海的浪涛，跳水自尽了。当人们怎么也找不到王后时，在海上发现了一只巨大的蟹，它的双臂

环绕在胸前，仿佛缺乏安全感，又像是一位善于保护的母亲。

赫拉知道这件事情以后也有些后悔，于是让那温柔而敏感的母亲在天上成为一个星座，它的形象就是一只巨蟹。

巨蟹座位于双子座之东，狮子座之西，是夏天开始的第一个星座，也是十二星座里最暗的一个星座。

十二星座之狮子座

尼密阿是巨人堤丰和蛇妖厄格德的儿子。当人与妖相爱的时候，尼密阿就从月亮上掉了下来，是上天赐给这对夫妇一个漂亮的宝贝，家人都叫他阿尼。

阿尼实际上是个半人半妖的怪物。白天他是一头凶猛的狮子，全身的皮毛闪着太阳的颜色；到了晚上，他才变成人形，是一个金发蓝眼的少年。

阿尼的妹妹许德拉是一个九头蛇妖，她的上半身和人一样，而且十分美丽；下半身是蛇，月光一样的银色。

阿尼从小就深深爱着许德拉，他们虽然有同样的父母，但阿尼是从天上掉下来的，而许德拉是母亲厄格德自产的。许德拉一直认为阿尼是天上的某颗星星，终归是要回天上去的，而阿尼说，在回到天上以前愿意为许德拉做任何事，包括死。于是他们相爱了。

然而幸福的日子很快被厄运撕碎。

英雄赫拉克勒斯按照神谕昭示，接受了国王的十项任务，其中两项就是杀死阿尼和许德拉。阿尼不明白为什么神界的争斗要波及他们，宙斯犯下的错要由他们来承担。阿尼本不愿与赫拉克勒斯为敌，但为了保护心上人许德拉，他决定将赫拉克勒斯挡在尼密阿大森林外。许德拉想要阻止他前往，阿尼安慰道："除了你，没有人能杀死我！你放心吧，我一定可以战胜这个宙斯与凡人的儿子。"说完，他只身前往去会赫拉克勒斯。

许德拉很爱阿尼，她不会让阿尼去送死，她决定在阿尼之前击退赫拉克勒斯，哪怕是同归于尽。许德拉来到阿密玛纳泉水旁迎战赫拉克勒斯。然而，尽管她可以变出九个头形成咄咄逼人之势，但赫拉克勒斯毕竟是一个伟大的英雄，他勇敢而果断地杀死了蛇妖许德拉，并把随身带的箭全部浸泡在剧毒蛇血里。

傍晚，阿尼也于找到了赫拉克勒斯，他现在是一头浴血的雄狮，朝赫拉克勒斯猛扑过来。赫拉克勒斯拔剑与狮子展开战斗，但狮子的皮毛似乎任何利器也穿不透，赫拉克勒斯根本没法杀死他。天色渐渐暗了下来，赫拉克勒斯想到那些浸毒的箭，于是瞄准狮子射了过去。一支、两支没有射中，第三支箭射中了狮子的心脏。那浸着许德拉的毒血的箭一下子射进了阿尼破碎的心。狮子倒在地上变成了人。赫拉克勒斯惊诧地看着阿尼，而阿尼一句话也没有说就死去了。

后来宙斯让阿尼回到了天上变成了星星，就是那个灿烂如太阳的狮子座。而属于狮子座的人类也被赋予了勇于为爱情牺牲的性格。

狮子座面积946.96平方度，占全天面积的7.296%，在全天88个星座中，面积排行第十二位，每年3月1日狮子座中心经过上中天。纬度变化位于+90°和-65°之间可全见。

十二星座之处女座

泊瑟芬是一个纯洁的女神。

她是人间的大地之母、谷物之神狄蜜特的独生女儿，是春天的灿烂女神，只要她轻轻踏过的地方，都会开满娇艳欲滴的花朵。

有一天，泊瑟芬和同伴们在山谷中的草地上摘花，她惊奇地发现一朵银色的水仙，美得光彩照人。她渐渐远离了同伴，伸手去采摘那朵水仙。就在她摘下它的一瞬间，水仙化作一团紫色的烟雾，一股淡淡的香气弥漫开来。烟雾渐渐散去，眼前出现了一个一身黑色，有着紫色眼眸的俊逸非凡的男子。

泊瑟芬惊的后退了一步。只见那男子嘴角边流露出一丝可怕的笑，说道："女神，你破除咒语救了我，那就履行我的誓言嫁给我吧！"泊瑟芬还没有弄明白是怎么一回事，地上就裂开一道缝，一股强大的力量把她卷了进去……

泊瑟芬的呼救声回荡在山谷里，狄蜜特抛下手中的谷物，飞跃千山万水去寻找女儿。人间没有了大地之母，种子不再发芽，肥沃的土地结不出成串的麦穗，人类面临巨大的灾难。这一切很快传到了宙斯的耳中，他知道劫走泊瑟芬的是冥王哈迪斯，便下令再一次诅咒他。哈迪斯终究敌不过宙斯的法力，但他是真的爱着泊瑟芬。他知道自己马上就会再次陷入深深的昏睡，于是对泊瑟芬说："我身上的香气应该属于人间，请你把它带走吧！"说完，哈迪斯闭上眼睛，再也看不见心爱的春天女神泊瑟芬了。

泊瑟芬从地府回到人间的时候正是春天，她把百花的香气撒在大地上，把灿烂的阳光带给每一个人。然而，她却忘不了在地府长眠的哈迪斯，那双紫色的眸子在女神的心里挥之不去。夏天，女神疲惫地思念着；秋天，女神又沉甸

甸地思念着。到了冬天，女神终于忍不住跑到了地府看望哈迪斯。这时候哈迪斯就会奇迹般地醒过来，等到春天泊瑟芬一离开他，他又陷入睡眠。年复一年，这个纯洁美丽的处女发现自己是真的爱上了阴郁的冥间幽灵。

于是宙斯便规定一年之中有四分之一的时间可以让他们相会。从此以后，大地结霜、寸草不生的冬天就是泊瑟芬到地府去见哈迪斯的日子。宙斯感动于这份特别的爱情，将天上的一个星座封为处女座以纪念泊瑟芬为人间所做的一切。

处女座是最大的黄道带星座，面积1294.43平方度，占全天面积的3.318％，在全天88个星座中，面积排行第二位，仅次于长蛇座。

十二星座之天秤座

正义女神是宙斯的女儿，海神波塞冬是宙斯的弟弟。

在极为遥远的年代，人类与神一起居住在地上，过着和平快乐的日子。而正义女神和波塞冬在长时间地相处中也产生了感情，他们彼此尊重，互相爱慕。正义女神有着男子一样的气质，坚毅而热情；波塞冬像海一样深邃，冰冷。宙斯有无数的妻子，因此也有数不清的儿女，而波塞冬是他唯一的兄弟，是他和天后赫拉用泪水造出来的。不仅宙斯和天后疼爱他，神殿里所有的神祇都视他如掌上明珠。正义女神却十分独立，有着自己的思想。

人类很聪明，他们逐渐学会了建房子、铺道路，但与此同时也学会了勾心斗角和欺骗。战争和罪恶开始在人间蔓延，许多神无法忍受纷纷回到天上居住，

只有正义女神和波塞冬留了下来。女神没有对人类绝望，她认为人类终有一天会觉悟，回到过去善良纯真的本性。但是波塞冬却对人类丧失了信心，他悲观地劝女神回到天上去。女神自然不听，于是两人生平第一次争吵。他们争执得很激烈，从人类的问题上不断升级，最后竟吵到了彼此的身世上。正义女神鄙夷波塞冬不过是一摊咸水，而波塞冬则抖落出宙斯的丑闻及女神是私生子的事实。正义女神受到极大的侮辱，找到父亲宙斯评理。天后赫拉建议两人比赛，看谁能更让人类感受和平，谁输了谁就向对方道歉。赫拉偏爱波塞冬，又嫉妒正义女神的母亲，她知道水是生命的源泉，一定会让人类感到和平。

比赛的地点设在天庭的广场，由海神先开始。只见波塞冬朝墙上一挥，裂缝中就流出了非常美的水，晶莹剔透，让人看了以后感到无限清凉与舒适。这时候正义女神变成了一棵树，这棵树有着红褐色的树干，苍翠的绿叶以及金色的橄榄，任何人看了都感受到爱与和平。波塞冬朝女神微笑着，他知道女神的心愿终于实现了。

人类认识到和平的重要，女神与波塞冬和好如初，宙斯为了纪念这样的结果，把随身带的秤往天上一抛，就有了今天的天秤座。

天秤座位于处女座之东，天蝎座之西，是黄道十二宫的第七宫，面积538平方度。

十二星座之天蝎座

世上原本是没有沙漠的，没有沙漠也没有琥珀。

太阳神的宫殿，是用华丽的圆柱支撑着，镶着闪亮的黄金和璀璨的宝石，飞檐嵌着雪白的象牙，两扇银质的大门上雕着美丽的花纹，记载着人间无数美好而又古老的传说。太阳神阿波罗的儿子法厄同、女儿赫莉就居住在这个美丽的宫殿里。法厄同天生美丽性感，冲动自负；妹妹赫莉温柔善良，却没能得到父亲的恩赐，拥有一张太阳神那样美丽的面孔，这使得她很无奈，因为她深深爱着法厄同。同样喜欢法厄同的还有绝美的水泉女神娜伊。

日复一日，年复一年，在无尽地相思与失望之中，赫莉渐渐变得忧郁而敏感，自负的法厄同并不理解她，依旧与娜伊成双成对。每当赫莉有所表示，法

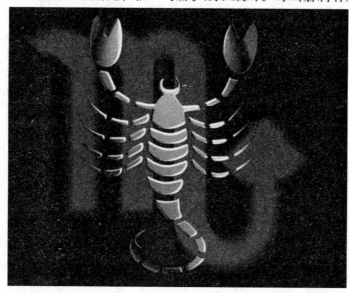

厄同总是以他们是同一个父亲为由将赫莉挡在门外。赫莉再也无法忍受他的绝情和冷漠，终于，一个无知的谎言在她的脑海中诞生了。有一天，她找到法厄同，对他说："亲爱的哥哥，我不能再隐瞒你了，虽然她是我们的母亲，我本不该嘲笑她什么，但我不得不告诉你，你并非天国的子孙，而是克吕墨涅，也就是我们亲爱的母亲和一个不知名的凡人所生。"冲动的法厄同轻易地相信了一向不说谎的妹妹，跑到父亲阿波罗那里询问真相。但是无论阿波罗怎样再三保证，他就是不相信自己是父亲的亲生儿子。最后，太阳神无奈，指着冥河起誓，为了证明法厄同是自己的儿子，无论他要什么，他都会答应。然而法厄同选择的却是太阳神万万没有料到的太阳车！要知道法厄同根本不会驾驶太阳车，如果不按照规定的航线行走，那必将酿成大祸。可是，自负的儿子完全听不进劝告，跳上太阳车，冲出了时间的两扇大门。

星星一颗颗隐没了，金色的太阳车，长着双翼的飞马，无尽的天空，魔鬼一样的幻象……法厄同根本控制不了太阳车，任由它在时空里毁灭性地穿梭。草原干枯了，森林起火了，庄稼烧毁了，湖泊变成了沙漠！地上的人们不是冻死就是热死，天昏地暗，人世间充斥了无数的怨气。赫莉眼睁睁看着惨剧发生，知道这一切都是自己的错，她无奈地叹着气，狠心放出一只毒蝎，咬住了法厄同的脚踝，众神这才欲趁机阻止他，但是一切都太晚了，燃烧着的法厄同和太阳车一起从天空坠落到广阔的埃利达努斯河里。水泉女神娜伊含泪将他埋葬。而赫莉绝望地痛哭了四个月，最后变成了一棵白杨树，她的眼泪变成了晶莹的琥珀。宙斯为了警示人类自负的弱点，以那只立了大功的蝎子命名了一个星座，叫天蝎座。

天蝎座是十二星座之黄道第八宫，面积496.78平方度，位于天秤座之东，射手座之西，纬度变化位于+40°和-90°之间可全见。

十二星座之射手座

在遥远古希腊的大草原中，驰骋着一批半人半马的族群，这是一个生性凶猛的族群。"半人半马"代表着理性与非理性、人性与兽性间的矛盾挣扎，这就是人马部落。部落里唯一的例外射手奇伦，是一个生性善良的男子，他对人坦诚真挚，谦逊有礼，因此受到大家的尊敬与爱戴。

有一天，英雄赫拉克勒斯来拜访他的朋友奇伦。赫拉克勒斯早就听说人马族的酒香醇无比，便要求奇伦给他拿来享用，可是，他喝光了奇伦的酒仍不尽兴，执意要喝光全部落的酒。奇伦非常耐心地解释给他听，酒是部落的公共财产，不是任何一个人可以独自占有的，希望赫拉克勒斯不要因为一时的兴致而犯众怒。赫拉克勒斯向来脾气暴躁，怎么能听得进奇伦的话，他把这个善良的朋友推到一边就闯进了人马部落。果不出奇伦所料，暴躁的赫拉克勒斯和凶猛的人马族碰在一起，冲突不可避免地发生了。赫拉克勒斯力大无穷，幼年即用双手扼死巨蟒，他完成国王的十项不可能完成的任务都游刃有余，连太阳神阿波罗都惧他三分，人马族虽然厉害，也并不是赫拉克勒斯的对手，他们纷纷落逃。赫拉克勒斯手持神弓紧紧追赶，借着酒劲，大肆进攻。人马族被逼得走投无路，只好逃到了奇伦的家中。人们惶惶不安，赫拉克勒斯站在门口大声呵斥，如果再没人出来，他就把这个部落毁掉。奇伦听到这里，为了部落，为了朋友，为了化解这场争斗，他奋不顾身地推开门，走了出来。就在那一刹那，赫拉克勒斯的箭也飞了过来！赫拉克勒斯惋惜又痛心地看着自己的朋友被神箭射穿心脏，而奇伦则用尽最后的力气说道："再锋利的箭也会被软弱的心包容，再疯狂的兽性也不会泯灭人性。"

这时候，奇伦的身体碎成了无数的小星星，飞到了天上，它们聚集在一起，好像人马的样子，那只箭还似乎就在他的胸前。为了纪念善良的奇伦，人们就管这个星座叫射手座。

射手座面积867平方度，占全天面积的2.103%，在全天88个星座中，面积排行第十五，在天蝎座之东，摩羯座之西。

十二星座之摩羯座

牧神潘恩长得很丑。他日日看管着宙斯的牛羊，却不敢与众神一起歌唱；他一直爱慕着神殿里弹竖琴的仙子，却不敢向她表白……这一切都只因为他丑陋的外表。潘恩害羞而自卑，也没有什么法力，在天界默默无闻。

没有人了解他那丑陋的外表下掩藏着的炽热的心，也没有人愿意走近他，去聆听他那动人的箫声。在天河的尽头有一个湖泊，是谁也不敢涉足的，因为它的水是被诅咒过的，任何人踏进河水一步都会变成鱼，永远也变不回来。但是潘恩无所顾忌，他知道即使自己在最热闹的地方也不会有人注意，还不如就在这湖泊边上吹箫，或许仙子可以听见呢！

然而有一天，正当众神设宴欢聚的时候，黑森林里的多头百眼兽却突然窜进了大厅！这只怪兽呼天哮地，排山倒海，所有的神都无法制服它，于是纷纷逃离。正弹着竖琴的仙子被吓坏了，她呆立在那里，不知道如何是好。眼看怪兽冲着仙子而去，胆小而害羞的潘恩却猛地跳了出来，他抱起仙子就跑，怪兽紧紧追赶。潘恩知道自己根本跑不过怪兽，情急之中忽然想起了天河尽头的湖泊，于是拼命地向湖泊跑去。怪兽也知道那湖泊的厉害，它们暗笑潘恩的愚蠢，往那里跑岂不是自寻死路！

但是怪兽万万没有想到，潘恩竟义无反顾地踏进了那个湖泊，他把仙子高高擎在手中，自己站在湖泊的中央。怪兽这下没了办法，只好放弃。等到怪兽离开以后，潘恩才小心翼翼地挪到岸边放下仙子。仙子十分感激想把潘恩拉上来，但是潘恩的下半身已经变成了鱼！于是宙斯以他的形象创造了摩羯座，而摩羯座的人们也像潘恩一样，严谨而内敛，对于幸福有着自己独特的理解。

摩羯座位于射手座之东，水瓶座之西，面积413.95平方度，占全天面积的1.003%，在全天88个星座中个，面积排行第四十位。纬度变化位于 +60° 和 90° 之间可全见。

十二星座之水瓶座

伽倪墨得斯是特洛伊城的王子，是一位俊美不凡的少年。他的容貌是连神界都少有的。伽倪墨得斯不爱人间的女子，他深深爱着宙斯神殿里一位倒水的侍女。这个平凡的侍女曾经在一个夜晚用曼妙的歌声俘获了伽倪墨得斯的心，也夺走了特洛伊城里所有女孩的幸福。

天界的那个女孩叫海伦，和特洛伊城里最美丽的女子海伦拥有同样美丽的名字。宙斯非常喜爱海伦，尽管她只是一个侍女。可是有一天，海伦无意中听到太阳神阿波罗和智慧女神雅典娜关于毁灭特洛伊城的决定，海伦不顾戒律赶去给王子伽倪墨得斯报信。结果在半途中被发现，宙斯的侍卫们将海伦带回了神殿。宙斯不忍处死她，但决定好好惩罚她。在他的儿子阿波罗的提示下，宙斯决定将这份罪转嫁给与海伦私通的特洛伊王子身上。

这天，宙斯变做一只老鹰，降临在特洛伊城的上空。他一眼就看见在后花园中散步的王子。宙斯惊呆了，他见过许多美丽的女神和绝色的凡间女子，却从来没见过如此俊美的少年。宙斯被伽倪墨得斯特别的气质深深吸引，一个邪恶的念头油然而生。他从天空俯冲下来，一把抓起伽倪墨得斯，将他带回了神殿。

在冰冷的神殿，伽倪墨得斯见不到家人也见不到海伦，他日渐憔悴。而宙斯却逼迫伽倪墨得斯代替海伦为他倒水，这样他就可以天天见到这个美丽的男孩了。宙斯的妻子天后赫拉是个嫉妒成性的女子，她看在眼里，怒在心头，她不仅嫉妒宙斯看伽倪墨得斯时那样无耻的眼神，更嫉妒伽倪墨得斯有着连她都没有的美丽光华。于是赫拉心生毒计，决定加害这个无辜的王子。她偷偷将海伦放走，海伦自然要与伽倪墨得斯私逃下界，这时她再当场将两人捉住。雅典娜明白这是赫拉的计谋，但也无能为力，被激怒的宙斯决定处死伽倪墨得斯。然而，就在射手奇伦射出那致命一箭的刹那，侍女海伦挡在了伽倪墨得斯的胸前！

眼看奸计没能得逞，赫拉恼羞成怒，将伽倪墨得斯变成了一只透明的水瓶，要他永生永世为宙斯倒水。然而，水瓶中倒出来的却是眼泪！众神无不为之动容，于是宙斯将伽倪墨得斯封在了天上，做一个忧伤的神灵。

伽倪墨得斯夜夜在遥远的天际流泪，人们抬头看时只见一群闪光的星星仿佛透明发亮的水瓶悬于夜空，于是叫它水瓶座。

水瓶座在摩羯座之东，双鱼座之西，面积979.85平方度，占全天面积的2.375%，在全天88个星座中，面积排行第十位。纬度变化位于+65°和-90°之间可全见。

十二星座之双鱼座

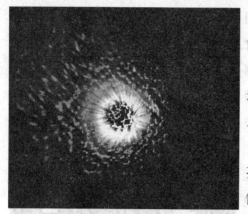

鱼也有眼泪，只因在水中哭泣，我们看不见罢了。

爱神丘比特也有自己的爱情。只不过，那是一段很远很远的往事了，没有人记得，也没有人提起。

丘比特是一个长着双翼的可爱男孩，他有一把玲珑的神弓，凡是被他的箭射中的人们都会相爱，而且会永远幸福。但是，同样渴望爱情的丘比特却不能带给自己幸福，因为他无法用箭射中自己。

有一天，维纳斯带着心爱的儿子丘比特去参加诸神的宴会，一个神情特别的女孩闯进了丘比特的心。这个女孩很漂亮，却一脸的黯然神伤，丘比特走上前询问原因，原来这个女孩是预言家所罗门的女儿，所罗门曾经预言这是一场灾难的宴会，而她——血石，将成为这场灾难的祭献。丘比特听后非常伤心，因为他不仅同情女孩的遭遇，而且已经不知不觉爱上了她。

就在这个时候，可怕的百眼怪

出现了！它呼风唤雨，将宴会搅得一塌糊涂。百眼怪是专门与众神为敌的，它的本领很大，众神拿它都没有办法，只能拼命逃离。血石说："不能再这样下去了，我们终究要除掉这个恶魔。"她似乎忘记了父亲的预言，勇敢地冲向了怪物。而丘比特在万分担心血石的情

况下，竟慌乱地朝怪物射了一箭，他只想击退它，却忘了他自己的箭是做什么用的。不幸的是这支箭不仅射中了怪物，还射中了奔向怪物的血石！与此同时，维纳斯找到了心爱的儿子，拉起他跳进河里，他们变成两条鱼才得以脱险。丘比特无法挣脱母亲的手，他含泪回头望着，望着血石和怪物一起离开，消失在茫茫的宇宙中……

后来，天上就有了一个星座叫双鱼，可是丘比特不在上面，他一个人孤独地坐在木星上，有的时候会向着地球的方向射上一箭。于是，浪漫的双鱼座女孩就会在世界末日与陌生人共舞，爱上他，然后移民到另一个星球去结婚生子……

双鱼座位于水瓶座之东，白羊座之西。面积889.42平方度，占全天面积的2.156%，在全天的88个星座中，面积排行第十四，纬度变化位于-65°和+90°之间可全见。

其他星座

前面我们认识了很多星座。它们都是古希腊人所能看到的比较醒目的星座。

共有88个星座，剩下的几十个大多位于南天，古希腊人无缘得见，现在生活在我国北方的人们也难得一见；有些位于北天的(如鹿豹座、天猫座、

蝎虎座等），也都是为了弥补已认识的星座之间的空隙而设立的，它们中既没有什么亮星，暗星排列的形状也不明显，要想找到它们，真得有点儿专业水准。因为这两个原因，所以下面我们只是把剩余的几十个星座简要地介绍一下。

公元 2 世纪，古希腊著名天文学家托勒密在他的巨著《天文学大成》中除了提到上面说到的星座外，他还提到了 5 个星座，它们都没有相应的神话故事（这 5 个星座是南冕座、小马座、豺狼座、半人马座和三角座）。

郑和下西洋后的 150 多年，荷兰人凯瑟前往东印度（今印度尼西亚一带）探险，航行途中，他圈划了 12 个南天星座，它们于 1603 年在德国天文学家巴耶尔编制的星图中被采纳了。这些星座多数都是用动物命名的，这倒和前面讲过的星座挺吻合（这 12 个星座分别是南三角座、天燕座、蝘蜓座、剑鱼座、水蛇座、印第安座、苍蝇座、孔雀座、凤凰座、杜鹃座、飞鱼座和天鹤座）。

法国天文学家拉卡伊是世界上第一位绘出完整的南天星图的人。1750～1754 年他在南非好望角系统地测量了南半天球的恒星，并于 1763 年出版了包括 2000 颗恒星的精确位置的星图。星图里，他新增添了 14 个南天星座，它们多是用美术工具和当时新发明的科学仪器命名的（这 14 个星座是时钟座、网罟座、绘架座、天坛座、南极座、圆规座、望远镜座、显微镜座、矩尺座、玉夫座、天炉座、雕具座、唧筒座和山案座）。

17 世纪末，波兰天文学家赫维留斯在他出版的星图上，又在北天亮星座之间新增加了 8 个星座，它们多是以动物命名的（这 8 个星座是鹿豹座、蝎虎座、小狮座、天猫座、麒麟座、六分仪座、狐狸座和盾牌座）。

此外，还有两个南天星座是由德国天文学家拜耳在 17 世纪初确定的，它们是天鸽座和南十字座。

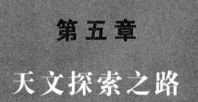

第五章

天文探索之路

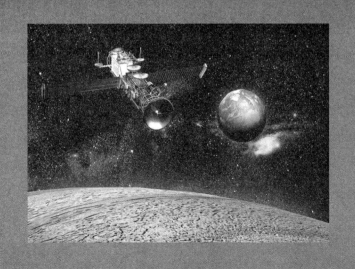

"盖天说"和"浑天说"

我国古代最早提出的一种宇宙结构学说是"盖天说"。这种学说认为天是圆形的，好像一把大伞盖在地上；地是方形的，好像一个棋盘。因此，这种学说又叫"天圆地方说"。

这种学说是在古人肤浅的观察中生成的，漏洞百出，很难自圆其说。于是，人们又不断地对"盖天说"进行修改。到了战国末期，出现了"新盖天说"。新盖天说认为，天像扣着的斗笠，地像扣着的盘子，天和地不相交，天地之间相距8万里。盘子的最高点是北极。太阳围绕着北极旋转，太阳落下山，并不是落到地面以下，而是到了我们看不见的地方。盖天说在我国古代影响极大，对古代数学和天文学的发展有重要的指导作用。

盖天说之后，东汉的天文学家张衡提出了"浑天说"。浑天说认为，天与地的关系就像鸡蛋中蛋白和蛋黄的关系，地是蛋黄，它被像蛋白一样的天包裹着。具体地说，天的形状不是标准的圆球，而是一个南北短、东西长的半椭圆球。大地也是一个球，它浮在水上，回旋漂荡着。

盖天说无法解释日月星辰东升西落的现象，浑天说却能。此说认为日月星辰附着在天球上，白天，太阳升到我们可见的天空中，日月星辰落到地球的背面去；夜晚，太阳落到地球的背面去，星星和月亮升起来。星、月和太阳交替升起，周而复始，便出现了有规律的黑夜和白昼。

浑天说出现后，并没有立即取代盖天说，两种说法相互争执。但是，浑天说明显得更具优势，它除了能解释许多盖天说无法解释的现象外，还有当时最先进的天文仪器——浑仪和天仪来帮助论证。因此，它在我国古代天文领域中曾称霸上千年。

古代人的太阳钟——日晷

在钟表没有发明之前，人类曾使用过一种古老的太阳钟——日晷来计时。日晷是根据太阳东升西落的运动，利用太阳投射的影子来测定时刻的装置。

日晷通常由铜制的指针和石制的圆盘组成。铜制的指针叫做"晷针"，它

垂直地穿过石制圆盘的中心。圆盘叫做"晷面"，安放在石台上，呈南高北低状，使晷面平行于天球赤道面。这样，晷针的上端正好指向北天极，下端正好指向南天极。

晷面的正反两面刻有12个大格，每个大格代表2个小时。当太阳光照在日晷上时，晷针的影子就会投向晷面，太阳由东向西移动，投向晷面的晷针影子便慢慢地由西向东移动。晷面的刻度是不均匀的。于是，移动着的晷针影子好像是现代钟表的指针，晷面则是钟表的表面，以此来显示时间。

早期的天文著作

　　最早的天文学研究的方法是天体测量学。古埃及人根据天狼星在空中的位置来确定季节；古代中国人早在公元前 7 世纪就制造了制定节令的圭表，通过测定正午日影的长度拟定节令、回归年或阳历年。古人依靠对星的观测，绘制星图，划分星座，编制星表。

　　春秋战国时期，齐国的天文学家甘德著有《天文星占》八卷，魏国人石申著有《天文》八卷。后人将这两部著作合为一部，称为《甘石星经》。这是我国、也是世界上最早的一部天文学著作。我国现存最早的天文著作是汉代史学家司马迁所著的《史记·天官书》。司马迁在此书中记下了 558 颗星，创造了一个生动的星官体系，奠定了我国星官命名的基础。

郭守敬与简仪

郭守敬（1231—1316），中国元朝天文学家、数学家、水利专家和仪器制造家。他对浑仪进行了改进，发明了简仪。

当年，郭守敬只保留了浑仪中最主要最必需的两个圆环系统，并且把其中的一组圆环系统分出来，改成另一个独立的仪器，再把剩余系统的圆环完全取消。然后，他把原来罩在外面作为固定支架用的那些圆环也全都撤除，只留下仪器上的一套主要圆环系统。最后，他用一对弯拱形的柱子和另外四根柱子，承托住留下的这个系统。这种结构，比原来的浑仪更实用，更简单，所以取名"简仪"。在欧洲，直到300多年后的1598年，丹麦的天文学家第谷才发明了与简仪相似的天文仪器。

凝望天空——天文台

　　天文学家要观测天空，就需要一个固定的地方来容纳大型天文观测仪器，因此天文台就这样诞生了。天文台不仅是专业的天文观测场所，也是对人们进行科学教育的重要场所之一。

天文台的选址

　　世界上的光学天文台大多建立在高山上。这不是为了更接近星空，而是因为高山上观测环境好，空气质量稳定，晴天多，光污染小，不易受到人为干扰。

天文台的屋顶

装有光学天文望远镜的天文台的顶部都是半球形，可以转动，这样当天文学家需要跟踪观察某一个运动的星体的时候，就可以转动望远镜，实现持续观测这个天体的目的。

第谷天文台

著名天文学家第谷·布拉赫毕生致力于天文仪器制造和天文研究。1576

年，他在赫芬岛上修建天文台，这座天文台被誉为"天堡"，它规模宏大，设备齐全，所用的天文仪器几乎都是第谷自己设计制造的。

玛雅古天文台

玛雅古天文台建于公元1世纪，它是一组建筑群，从一座金字塔上的观测点望去，东方、东北方和东南方的庙宇分别是春（秋）分、夏至和冬至日出的方向。

格林尼治天文台

世界著名的英国格林尼治天文台建于1675年。1884年华盛顿会议决定格林尼治时间为世界标准时间。院内的子午线标志，即0°经线，为东西半球的分界线。

太空之眼——太空望远镜

著名的哈勃空间望远镜是目前最先进的太空望远镜。它的诞生就像16世纪伽利略望远镜的出现一样，是天文学发展道路上的一个里程碑。

哈勃简介

1990年4月，美国航空航天局的"发现号"航天飞机将哈勃望远镜送入太空，从此，它就在离地球表面590千米高空的轨道上运行。哈勃望远镜的重瞳有11.6吨，光学透镜直径达2.4米，其观测能力非常强大，可以接收到很远的天体发出的微弱光线。

工作的秘密

在太空里，哈勃太空望远镜的使用受到很多限制，它不能使用常规电源、旋转座架及用光缆线来连接监控计算机，而要使用提供能量的太阳能电池板，用来调整方向的反应轮及与地球交流的无线电天线。

卓有成效的工作

哈勃望远镜由美国马里兰州戈达德太空飞行中心发出的无线电指令控制，截至目前，它已通过向地面上的天文学家们发送无线电波的方式提供了一些极有价值的图片。

先进设备

哈勃太空望远镜携带了宽视场行星照相机、暗弱天体照相机、暗弱天体摄谱仪、高分辨率摄谱仪、高速光度计以及精密制导遥感器等先进设备。

哈勃的优势

宇宙中的天体辐射到地球的光线会被地球的大气层阻挡或折射，使望远镜接收到的天体影像模糊不清，而哈勃望远镜处在没有大气影响的太空轨道上，因此它拍摄的星空图片的质量要比地面上的大型望远镜拍摄的图片好得多。

先进的射电望远镜

20 世纪 30 年代，美国无线电工程师雷伯发明了第一架射电望远镜。射电望远镜不同于光学望远镜，它接收的不是天体的光线，而是天体发出的无线电波。它的样子与雷达接收装置非常相像。它最大的特点是不受天气条件的限制，不论刮风下雨，还是

白天黑夜，都能观测，而且观测的距离更加遥远。

射电望远镜为什么会有这么大的本事呢？我们知道，宇宙中的天体都能发出不同波长的辐射，但我们的眼睛只能看见可见光范围内的辐射，对可见光之外的 γ 射线、X 射线、紫外线、红外线和无线电波却视而不见。射电望远镜能接收各种波长的辐射，因此，还能观测到光学望远镜看不到的天体呢！随着射电望远镜的发展，天文学又前进了一大步，先后发现了类星体、星际有机分子、微波背景辐射和中子星。

访问地球的邻居——行星探测器

　　航天事业轰轰烈烈地发展了几十年，人类并不仅仅满足于探索自己居住的地球和赖以生存的太阳。人类已经向太阳系中派遣了几十个探测器，这些探测器帮助人类捕获了很多资料，让生活在地球上的人们更加了解这些"邻居"。

"水手号"金星探测器

　　从 1962 年 7 月 22 日开始，美国先后发射了 10 个"水手号"金星探测器。其中最成功的要数 1973 年 11 月 3 日发射的"水手 10 号"，它不但对金星进行了探测，而且还借助金星的引力 3 次飞跃水星，对水星进行了成功的探测。

"尤利西斯"号太阳探测器

　　1990 年 10 月 6 日，美国"发现号"航天飞机将"尤利西斯号"太阳探测器送入太空。它的任务是探测太阳两极的磁场、宇宙射线、宇宙尘埃、X 射线和太阳风等。

"火星拓荒者号"

　　1997 年 7 月 4 日，美国的"火星拓荒者号"太空船降落在了火星表面。它的任务就是搜集火星表面的数据，拍摄火星照片并且将其传回地球。"火星拓荒者"的成功登陆，也为日后登陆太空船和探测车的设计作出了重要贡献。

"信使号"水星探测器

这枚水星探测器是美国在 2004 年发射升空的。它由美国国家航空航天局、卡内基研究所以及约翰·霍普金斯大学共同研制，由"德尔塔 2 号"火箭送入太空，在 2011 年 3 月进入预定轨道，对水星进行为期 1 年的探测工作。

中国的地球探测器

中国的"实践"系列卫星既是技术实验卫星，又是科学探测卫星。它们的主要任务是在太空中观测地球以及其周围的空间环境，同时还有关于很多新技术的试验。

飞向太空所需的速度

我国明朝的万户，曾试图借助火箭内推力和风筝上升的力量飞上蓝天，结果为此丧命。飞向太空除了要有安全的飞行装备，还必须具备一定的速度才行。

飞上太空有三种情况，每一种都要具备相应的速度才能到达。

第一宇宙速度：7.91 千米/秒，达到这个速度，卫星（或飞船）就可环绕地球飞行而不掉下来，所以也叫"环绕速度"。

第二宇宙速度：11.2 千米/秒，达到这个速度，卫星（或飞船）就可脱离地球，飞向其他行星，所以又叫"脱离速度"，但不能脱离太阳系。

第三宇宙速度：16.7 千米/秒，达到这个速度，卫星（或飞船）就可离开太阳系，飞向其他恒星。

以上是要到达目的地的最低速度，由于空气阻力和其他因素的影响，实际上要到达目的地，还要比以上速度快一些才行。

登天的梯子——火箭

火箭是唯一一种可以飞到太空中去的飞行器。自诞生以来，世界各国已经发射了很多次火箭，把许多人造飞行器送到了太空中，火箭为人们探索太空立下了很大的功劳。

工作原理

火箭的工作利用了"作用力和反作用力"的原理。火箭燃料燃烧，产生了高温高压气体。这些气体从尾喷管高速喷出，在反作用力的作用下，箭体就向前飞去。

飞行原理

火箭推进的理论依据是牛顿第三定律：作用力与反作用力大小相等，方向相反。比如一个充满了空气的气球，如果放开气球的出气口，气球里的空气就会喷出来，而气球也会向相反的方向运动。火箭的飞行也是这个道理，只不过它需要大量的能量而已。

火箭的分类

现代的火箭按其发动机使用的能源不同，可分为化学火箭、核火箭和电磁火箭。其中化学火箭的用途最广泛，也是使用最多的一种。化学火箭以使用不同性质的燃料又可以分为固体火箭和液体火箭。

运载火箭

运载火箭是一种运载工具，它负责把人造卫星、载人飞船、空间站或空间探测器等送入预定轨道。它们一般都是多级火箭，有 2 ~ 4 级。许多运载火箭的第一级外围捆绑有助推火箭，又称零级火箭。

多级火箭

为了有效提高火箭的飞行速度，解决其速度与重量之间的矛盾，科学家们研制出了多级火箭。这种火箭是分为一级一级的，烧完一级就扔掉一级，这样，火箭的速度就越来越快。最后，由火箭的最末一节把卫星"顶"到预定轨道。

用途广泛的人造卫星

月球围绕地球转，是地球的卫星。还有一种天体也可以围绕地球运行，但它不是天然形成的，而是人造的，因此被称为"人造卫星"。科学家用火箭把人造卫星发射到预定的轨道，使它环绕着地球或其他行星运转，以便进行探测或科学研究。围绕哪一颗行星运转的人造卫星，我们就叫它哪一颗行星的人造卫星，比如最常用于观测地球和通信方面的，叫人造地球卫星。它们运行时，处在地球引力与自身离心力相平衡的状态下，除非科学家人为地让它从天上掉下来，否则它们不会回到地面。

所有国家在发射卫星时，总是把发射方向指向东方。这是因为地球自转的方向是自西向东的，人造卫星由西向东发射时，可以利用地球自转的惯性，从而节省燃料和推力。不过，由于世界各地的发射地所在的位置不同，发射的方

向总是偏北或偏南一些。

　　人造卫星按轨道分类，可以分为低轨道卫星、中高轨道卫星和地球静止轨道卫星。低轨道卫星距离地面的高度为 200～2000 千米；中高轨道卫星的高度为 2000～20 000 千米；地球静止轨道卫星的高度为 35 786 千米。

　　如果按用途分类，可分为科学卫星、技术试验卫星和应用卫星。科学卫星包括各种空间物理探测卫星和天文卫星；技术试验卫星是指用于卫星技术和空间技术试验的卫星；应用卫星则包括各种通信卫星、气象卫星、资源卫星、侦察卫星、导航卫星、测地卫星等。

空中间谍——侦察卫星

侦察卫星是一种获取军事情报的卫星，它之所以能胜任间谍之职，是因为它站得高，看得远，具有侦察面积大、范围广、速度快、效果好、可随时监视某一地区等优点。现在，侦察卫星使用得非常广泛，数量占所有人造卫星的1/3左右。

照相侦察卫星上都装有各种先进的照相机。其中，"全景照相机"可以旋转整个镜头，其旋转角度达180°，主要用来进行大面积搜索、监视、进行地面目标的"普查"。"画幅式照相机"主要用于"详查"地面目标，对可疑目标进行详细的辨认。美国"大鸟"照相侦察间谍卫星上的画幅式照相机，从160千米的高空拍摄下来的照片，竟能够分辨出地面上0.3米大小的物体，也就是说能够看清一个人背的包是什么样的。

能够减少自然灾害的卫星

世界各地时常发生各种自然灾害，一些专门的卫星在减灾防灾方面起到了重要作用。现代的某些气象卫星，能够不间断地对地球大气进行观测，连续关注一些潜在的气象灾害，并做出准确的预报。还有一种能穿云透雨的雷达卫星，它能发出一定频率的电磁波，穿到地表以下一定的深度，将反射和散射的回波形成图像，供科学家们参考、研究。

现在，还有一种用于预报地震的卫星。这种卫星上装有遥感仪器，能准确测出地面、水面及各种界面上的温度。因为，地震前震区周围会出现温度异常的前兆，如果地震卫星捕捉到这种异常的变化，就会迅速提供温度图像，以供相关专家参考。

遨游太空的宇宙飞船

宇宙飞船实质上就是载人的卫星，与卫星不同的是它有应急、营救、返回、生命保障等系统，以及雷达、计算机和变轨发动机等设备。宇宙飞船的体积和质量都不太大，因此飞船每次只能乘2~3名宇航员，一般在太空中只能停留几天。

科学家已经研制出三种结构的宇宙飞船，即一舱式、两舱式和三舱式。一舱式是最简单的，只有宇宙员的座舱；两舱式飞船是由座舱和提供动力、电源、氧气和水的服务舱组成，改善了宇航员的生活和工作环境；三舱式是在两舱式的基础上增加了一个轨道舱，增大了宇航员的活动空间，可以进行多种科学实验。

返回舱的"黑障"现象

    宇宙飞船的返回舱是一个密闭座舱，在轨道中飞行时与轨道舱连在一起，成为航天员的居住舱。在宇宙飞船起飞阶段和降落阶段，航天员都要半躺在该舱内的座椅上。座椅前方是仪表板，可以显示飞行情况。座椅上安装姿态控制手柄，在飞船自控失灵时，可以手动此手柄进行调整。

    飞船（三舱式）返回地面之前，轨道舱和服务舱分别与返回舱分离，并在进入大气层的过程中焚毁，只有返回舱载着航天员返回地面。返回舱进入地球大气层时，在某一段时间内，会出现与外界联络严重失真甚至中断的现象，这在航天上叫"黑障"现象。原来，航天器在经过大气层时，与大气产生剧烈的摩擦，使其表面与周围的空气发生电离，从而导致通信电波衰减或无法发出。当航天器的速度逐渐减慢后，通信也就恢复正常了。

航天飞机与空天飞机

航天飞机是集卫星、飞机、宇宙飞船技术于一身的，部分可重复使用的航天器。它需垂直起飞，水平降落，以火箭发动机为动力发射到太空，能在轨道上运行，且可以往返于地球表面和近地轨道之间。

它由轨道器、固体燃料助推火箭和外储箱三大部分组成。轨道器是航天飞机的主体，也是航天飞机中唯一可载人的部分，还是真正在地球轨道上飞行的部件。固体燃料助推火箭将航天飞机升到一定高度后，与轨道器分离，回收后经过修理可重复使用。外储箱是个巨大的壳体，内部装有供轨道器主发动机用的推进剂，是航天飞机组件中唯一不能回收的部分。航天飞机的轨道器是载人的部分，有宽大的机舱，它能够带着航天员定点着陆。

空天飞机是航空航天飞机的简称。顾名思义，它集飞机、运载器、航天器等多重功能于一身，既能在大气层中像航空飞机那样利用大气层中的氧气飞行，又能像航天飞机那样，利用自身携带的燃料在大气层以外飞行。空天飞机起飞时，不必借助火箭发射，也可以任意选择轨道，降落时又能像普通飞机一样自由选择跑道。

空天飞机的动力装置既不同于飞机发动机，也不同于火箭发动机，而是一种混合配置的动力装置。它由空气喷气发动机和火箭喷气发动机两大部分组成：起飞时空气喷气发动机先工作，这样可以充分利用大气中的氧，节省燃料；飞到高空后，火箭喷气发动机开始工作，燃烧自身携带的燃烧剂和氧化剂。

太空工作间——空间站

随着航天事业的不断发展，在太空中的短期停留已不能满足人类研究的需要，而空间站可以提供人类长期在太空工作、生活的空间和必要的条件。它就像是研究人员在太空中的家，也像是太空中的驿站，逐渐拉近人类与远处天体的距离。

空间站的组成

空间站作为宇航员在太空中长期工

作和生活的地方，一般都有数百立方米的空间。具体划分为很多不同的区域，有过渡舱、对接舱、工作舱、服务舱和生活舱等。一个空间站通常有数十吨重，由直径不同的几段圆筒串联而成。

具体分工

过渡舱是宇航员进出空间站的必经通道。对接舱是空间站的重要组成部分，是其他载人飞船和航天器的停靠码头。工作舱，顾名思义就是宇航员进行太空工作的场所。生活舱则提供给宇航员舒适的生活环境。

太空实验室

太空实验室主要是在太空中进行短期实验的场所。它上面携带着各种太空实验仪器和设备，没有自主飞行能力，在飞行条件、生活条件、能源条件、实验保障条件等各个方面，都依附于航天飞机。

国际空间站

国际空间站是一个国际合作项目，参与的有美国、俄罗斯、日本、加拿大、巴西和欧洲空间局（11 个成员国）共 16 个国家。这是人类航天史上首次多国合作完成的空间工程，规模浩大。

"卡西尼—惠更斯"计划

　　"卡西尼—惠更斯"计划是一个由美国国家航空航天局、欧洲空间局和意大利航天局三方合作的，对土星进行空间探测的科研项目。"卡西尼号"土星探测器由美国国家航天局负责建造，以意大利出生的法国天文学家卡西尼的名字命名；"惠更斯号"探测器以荷兰物理学家、天文学家、数学家惠更斯的名字命名，由法国阿尔卡特空间公司负责制造，属于欧洲航天局所有。

　　1997年10月15日，搭载着"惠更斯号"的"卡西尼号"探测器离开地球，开始了漫长的土星探测之旅。

　　2004年7月1日，在太空旅行了7年后，"卡西尼号"探测器进入土星轨道，正式开始了对土星的探测使命，对土星及其大气、光环、卫星和磁场进行考察。

　　2004年12月25日，欧洲"惠更斯号"探测器脱离位于环土星轨道的美国"卡西尼号"探测器，飞向土星最大的一颗卫星——土卫六。

　　2005年1月14日，"惠更斯号"抵达土卫六上空1270千米的目标位置，同时开启自身的降落程序，穿越土卫六的大气层，成功登陆土卫六。

　　2007年4月，为了掌握更多有关

土星及其卫星的资料，相关部门决定将"卡西尼—惠更斯"土星探测计划的任务期延长 2 年。

"卡西尼号"和"惠更斯号"经过多年的工作，传回了大量关于土星及其卫星的照片和数据，使科学家们有了许多新的发现，如：

（1）土星环拥有自己的大气层，其主要成分是氧气。

（2）土星上有"无线电波喷发"和"龙形风暴"。

（3）土星上的闪电强度要比地球的高出几百万倍。

（4）太阳系最危险区域：土星的外侧光环 F 环正不断地遭受着小型天体的撞击。

（5）土卫六表面湖海中的液态碳氢化合物数量惊人，初步估算是地球上已探明的石油和天然气储量的数百倍。

人类对火星的探测历程

20 世纪 60 年代，人类就开始利用航天器探测火星了。

1962 年：苏联"火星 1 号"探测器飞越火星的尝试失败。

1965 年：美国"水手 4 号"行星际探测器飞越火星，拍摄了 21 张照片。

1969 年：美国"水手 4 号"探测器发回 75 张照片。

1969 年：美国"水手 7 号"探测器发回 126 张照片。

1971 年：苏联"火星 3 号"探测器在火星着陆并发回照片。

1972 年：美国"水手 9 号"探测器沿着火星轨道飞行，发回 7000 多张照片。

1974 年：苏联"火星 5 号"探测器沿着火星轨道飞行了数天。

1974 年：苏联"火星 6 号"和"火星 7 号"探测器在火星着陆，探测结果没有公布。

1976 年：美国"海盗 1 号"和"海盗 2 号"探测器在火星着陆。发回了 5 万多张照片和大量的数据。

1989 年：苏联"福波斯 1 号"和"福波斯 2 号"探测器在前往火星的途中失踪。

1996 年："火星环球勘探者"发射升空，1997 年进入环绕火星的轨道。

1998 年：美国发射"火星气候"探测器。1999 年 9 月 23 日，探测器与地面失去联系。

1999 年：美国发射"火星极地着陆者"探测器。

2003 年 6 月 2 日：欧洲宇航局发射"火星快车"探测器。

2003 年 6 月 8 日：美国太空总署发射"火星探测漫步者-A"探测器。

2003 年 6 月 25 日：美国太空总署发射"火星探测漫步者-B"探测器。

2007 年 8 月：美国"凤凰号"火星着陆探测器升空。

2008 年 5 月 25 日，"凤凰号"成功降落在火星北极附近区域。

翱翔蓝天的"神舟"系列

"神舟一号"是中国自主研制的第一艘"试验飞船"。1999 年 11 月 20 日，"神舟一号"飞船在酒泉卫星发射中心发射升空，经过 21 小时 11 分的太空飞行，"神舟一号"顺利返回地球——中国载人航天工程首次飞行试验取得圆满成功。

继"神舟一号"后，中国又陆续成功发射了"神舟"系列的"二号""三号""四号"无人飞船。"神舟四号"是我国载人航天工程第三艘正样无人飞船，除没有载人外，技术状态与载人飞船完全一致。它的成功，标志着中国即将进入载人飞船时代。

2003 年 10 月 15 日，中国独立研制的"神舟五号"载人飞船，在中国航天第一城酒泉卫星发射中心成功发射，进入预定轨道。飞船绕地球运行 14 圈后，在预定地区着陆。杨利伟成为第一个乘坐中国自己的飞船上天的中国人。

2005 年 10 月 12 日上午，"神舟六号"发射成功。2005 年 10 月 17 日凌晨 4

时 33 分，在经过 115 小时 32 分钟的太空飞行，完成中国真正意义上有人参与的空间科学实验后，"神舟六号"载人飞船返回舱在内蒙古顺利着陆。航天员费俊龙、聂海胜安全返回。从"神舟五号"到"神舟六号"，名称虽只差一级，但却是从"一人"航天飞行到"多人"航天飞行的重大跨越，标志着我国在发展载人航天技术方面取得了又一个具有里程碑意义的重大胜利。

2008 年 9 月 25 日，"神舟七号"飞船载着翟志刚、刘伯明和景海鹏三名航天员，从酒泉卫星发射中心发射升空。9 月 27 日下午，"神舟七号"上的航天员翟志刚穿上中国自行研制的第一套舱外航天服，打开舱门，完成了太空行走。9 月 28 日，飞船成功在内蒙古四子王旗着陆。

2011 年 11 月，"神舟八号"无人飞船成功突破了空间交会对接及组合体运行等一系列关键技术而两度实现与"天宫一号"目标飞行器的空间交会对接与分离。

2013 年 6 月，"神舟九号"载人飞船实现与"天宫一号"自动交会对接，

这是中国实施的首次载人空间交会对接，是中国航天史上极具突破性的一章。而且，相对于首次参加飞行的刘旺和二度参加飞行的景海鹏两位航天员，首次"神女"刘洋的出现打破了中国从未有女航天员进入太空的纪录。

"神舟"系列自"神舟一号"起，就不断带给我们新的惊喜，"神舟"将展示给我们怎样的未知与神奇，让我们拭目以待……